中国历代家训丛书

蒙训辑要

夏家善 ◎ 主编

夏家善 穆祥望 ◎ 注释

天津古籍出版社

图书在版编目(CIP)数据

蒙训辑要 / 夏家善主编；夏家善，穆祥望注释. ‐‐天津：天津古籍出版社，2017.8
(中国历代家训丛书)
ISBN 978‐7‐5528‐0514‐7

Ⅰ.①蒙… Ⅱ.①夏… ②穆… Ⅲ.①家庭道德‐中国②《蒙训辑要》‐注释 Ⅳ.①B823.1

中国版本图书馆 CIP 数据核字(2017)第 083704 号

蒙训辑要

夏家善主编；夏家善　穆祥望注释
出版人/张玮

天津古籍出版社出版
(天津市西康路 35 号 邮编 300051)
http：//www.tjabc.net

三河市龙大印装有限公司印刷
全国新华书店发行
开本 910×1230 毫米　1/32　印张 9　字数 252 千字
2017 年 8 月第 1 版　2017 年 8 月第 1 次印刷

ISBN 978‐7‐5528‐0514‐7　定价：30.00 元

序

  我国古代文化典籍浩如烟海,品类繁多。其中,各种形式的"家训""家诫""家规""家礼",在普及传统文化、规范人们的生活和行为方式,整齐家风以至维持整个社会的谐调稳定方面,发挥了十分重要的作用。这一部分文化遗产很值得重视。

  "三代而下,教详于家。"清代学者钱大昕这句话,概括地说明了我国古代具有重视家教的传统。"家训""家诫"一类著作,起源于东汉而盛行于魏晋南北朝时期,它是当时世族社会教育制度的产物。人们十分熟悉的诸葛亮的《诫子书》,即产生于汉魏之际;而最早系统编撰成书的家训著作,当推南北朝时期颜之推的《颜氏家训》。作者撰写该书的直接目的在于"整齐门内,提撕子孙",而其更深远的意义则是为了"轨物范世""遗泽后昆"。这类著作以家族和家庭中长辈对晚辈耳提面命的谆谆教谕的形式,将传统伦理道德观念和儒家文化精神通俗地灌输传授给子孙后代,使其"同言而信,信其所亲;同命而行,行其所服",即利用血亲伦常关系和长辈对晚辈的绝对影响力约束力,达到"助人君,明教化"的目的。各种家训中有关立志、勉学、修身养性、待人接物的训诫,无非是要求"养亲事君忠孝为本""言则忠信行则笃敬""慎言检迹立身扬名",以维持世族的社会地位。这种家教的传统之所以在我国古代社会一直延续下来,并且影响到近现代,是有其深刻的社会根源的。正如梁启超所说:"吾中国社会之组织,以家族为单位,不以个人为单位,所谓家齐而后国治是也。周代宗法之制,在今日形式虽废,其精神犹存也。"家族宗法制度的客观存在和历久不衰,就为家教传统的延续和"家训"一类著作的蓄衍提供了深厚的社会土壤。被视为"古今家训之祖"的《颜氏家训》一书问世后,曾辗转流布,反复梓刻,虽历千余年而不佚,存其影响示范之下,各种形式的家训、家教、家规、家约、治家格言之类著作层出不穷,无代无之。如若将这类著作加以汇集,恐怕有数百千家之多,显然这是一笔不容忽视的历史文化遗产。

从文化的视角来审察,我国两千多年的封建文化,其内容丰富而芜杂,但总的来说,占据主导地位的还是儒家文化。受这种文化氛围的熏陶,历代家训也深深地打上了儒家思想的印记,透过其或典雅精微或通俗易懂的言辞,其着力宣传之要旨大抵不外乎"正心""诚意""修身""齐家""治国""平天下"的"大学之道","立人""达人""爱人""谅人"的"忠恕之道",以及"父慈子孝兄友弟恭朋友有信"的"絜矩之道"。也就是说,儒家所倡导的文化价值观念、理想人格模式和伦理道德规范,作为历代家训的主要精神支柱,是"儒者宣而明之"欲使其"家至而户说"的基本内容。当然,受释道思想文化的影响,古代家训中也夹杂着若干儒家文化以外的其他思想成分或因素,如道家之"无为",佛家之心性修养等等,这也完全是事实。家训作为在历史上产生和发展的文化现象,它也不可能不带有其所经历的各个时代的烙印,但从实质和总体上来看,它还是以儒家的忠孝仁义为本，吸纳融汇某些佛道思想，不过是作为达到忠孝仁义的手段而已。

显然，就思想内容而言，历代家训并非如前人所夸誉的那样，是"篇篇药石，言言龟鉴"，但它也绝不是一堆粪土，不是一堆完全有害无益的封建糟粕。对于家训这种既包含着糟粕，又包含着许多人生智慧和真、善、美的启示的历史文化遗产，我们应该像对待古今中外的各种文化一样，采取马克思主义的具体分析和批判继承的态度。任何一种文化体系作为完整的结构，都可以分解为不同的层面，每一层面又可以分解为若干要素；换言之，文化要素构成文化层面，文化层面构成文化系统。对它们是可以加以分析分解的，也可以根据新时代的需要进行重组或新的综合。我们对待历代家训也要采取分析的态度，区别良莠，批判剔除其封建性的糟粕，改造继承吸收其富有生命力的或在今天仍有启迪借鉴意义的文化内容，使其成为社会主义新文化的重要构成要素。

既然古代家训是封建时代的产物，大多出自历代帝王、名臣仕宦、封建士大夫之手，而为封建统治阶级所倡导，它就不可能不带有封建地主阶级意识形态的特征，不可能不大量宣扬封建道德观念。例如，历代家训中反复强调必须遵从封建的纲常名教，倡导愚忠愚孝的封建伦理道德；反复鼓吹"学而优则仕""唯上智与下愚不移"和"万般皆下品，唯有读书高"的封建士大夫观念；反复提倡安常处顺、知足常乐、明哲保身的处世之道和保守思想，等等。毫无疑问，这些都属于封建思想的糟粕，是应该批判和舍弃的。这方面的思想流毒在今天仍不能忽视。

另一方面，历代家训中还包含着相当多的思想精华和在今天仍有积极意义的内容，在教育后代如何处世做人的论训中，提供了前人丰富的人生经验和智慧，自觉或不自觉地宣传和弘扬了中华民族的传统美德，这些富有生命力的内容，都可供我们发现剔抉、含英咀华和借鉴吸收。从大的方面来说至少可以举出以下几点：

其一，鼓励立志。如诸葛亮《诫外甥书》说："夫志当存高远，……若志不强毅，意不慷慨，徒碌碌滞于俗，默默束于情，永窜伏于凡庸，不免于下流矣！"《温氏母训》说："岂有子孙专靠父祖过活之理！……若肯立志，大小自成结果。"

其二，奖掖进学。如诸葛亮《诫子书》说："才须学也，非学无以广才，非志无以成学。"《颜氏家训》说："幼儿学者，如日出之光；老而学者，如秉烛夜行。"

其三，劝勉勤俭。《朱柏庐治家格言》说："黎明即起，洒扫庭除。""一粥一饭，当思来处不易；半丝半缕，恒念物力维艰。"明吴麟徵《家诫要言》说："治家，舍节俭别无可经营。""茹荼历辛，自是儒生本色。"

其四，提倡清廉。《景氏家训》载胡康公诲诸子曰："予居官四十余年，无他长，但'清白'二字，平生守之不失。尔曹今日虽未有官守，务全名节，金帛易动人，远而勿亲。"高攀龙《家训》说："世间惟财色二者，最迷惑人，最败坏人。"

其五，导人行善。《朱柏庐治家格言》说："勿贪意外之财，勿饮过量之酒。""与肩挑贸易，毋占便宜；见贫苦亲邻，须加温恤。"《家诫要言》说："待人要宽和，世事要练习。""恶不在大，心术一坏，即入祸门。"《弟子规》说："凡是人，皆须爱，天同覆，地同载。""能亲仁，无限好，德日进，过日少。"

此外，历代家训还在强调知行合一，学以致用，应世涉务，分阴惜时，遵守礼仪，尊敬师长，孝顺父母，慎择朋友，睦邻友好，克己让人等许多方面，都有一些精彩的议论和非凡的识见，有的至今仍能给人以真的启迪、善的奉劝和美的鉴赏，展示出永久的价值和魅力。这些积极的内容自然是我们今天建设社会主义精神文明所必须继承和发扬的。经过批判的分析和创造性的转化，完全可以用来作为对青少年进行思想品德教育的有益资粮和历史教材，倡导良好的家风亦有利于促进整个社会的安定团结和协调发展。

《中国历代家训丛书》的主编夏家善同志，是我刚调到南开大学工作时就已相识的老朋友。他长期研治中国文学，详熟古代文化典籍，特别瞩意于历代家训的搜集整理，用力甚勤，颇有心得。这套丛书就是他从我国历代家训中精选汇辑出来的，共计12册，虽分类汇编而又构成一完整系统，有明确的指导思想，并邀请专家学者对各书分别加以标点、注释和说明，以便于读者准确地把握其思想内容，从中汲取智慧和涵养。这是一件很有意义的工作。夏家善同志向我征序，作为老朋友，我觉得难以拒绝，于匆忙中写了上述粗浅的认识，不当之处请编者和读者批评指正。

方克立

前　　言

在华夏大地方兴未艾的国学热热潮中，古代蒙学作为中国传统文化的一个组成部分，一直受到社会的普遍关注。为了给热心研究中国传统蒙学的读者和希望借鉴传统美德教育子女的家长提供历史的资料和教材，我们在《中国历代家训丛书》中，特设专辑集录蒙学读物，名曰《蒙训辑要》。

蒙训，是指对童蒙的教诲。它既包含对童蒙传授知识的教育，也包括对童蒙进行伦理道德和行为规范的教诲。本着这个宗旨，我们选录了从南北朝到清末期间的蒙训读物13种。

这些蒙训读物的作者，大都是中国古代的鸿儒巨匠，如南北朝时期的文士周兴嗣，明代哲学家吕坤，清代教育家朱柏庐，等等。他们都以极大的热情和耐心，为童蒙撰写了不少有影响的读物。

蒙训读物自产生以来，在中国漫长的封建社会中广为流传，经久不衰。它所以具有如此顽强的生命力，是与其内容和形式上的诸多特点分不开的。

第一，中国古代蒙训读物，十分重视对童蒙的识字教育。

童蒙求知需要读书，读书必先识字，字且不识，遑论其他。

所以幼学必先从识字入手。据史籍记载，仅汉以前的童蒙识字课本，就有十家三十五篇，可惜大都失传了。现在所能见到的最早的识字课本，是汉元帝时史游所撰《急就篇》，它以三、四、七言押韵，主要记名物，偶或涉及伦理道德。收入本书的南朝时期梁代周兴嗣撰写的《千字文》，为古代识字课本的继起者。据说梁武帝萧衍为了教自己的儿子识字，令殷铁石从王羲之书写的碑文中拓下一千个不相重复的字，然后命文士周兴嗣编成便于儿童阅读的韵文。周兴嗣用了一个晚上编好后呈给梁武帝，结果鬓发都变白了。《千字文》全文一千个字，内容包括社会历史和伦理道德。这类读物在对古代童蒙进行识字教育方面，发挥了极为重要的作用。这以后出现的《三字经》等，随着幼学教育的发展，虽然融入了不少知识和道德的内容，但识字教育的任务仍很明确。这些读物之所以能长久流传，是因为它适应了童蒙识字求知的需要。

第二，中国古代蒙训读物，注重向童蒙传授丰富的社会和历史知识。

中国古代比较重视启蒙教育。朱熹说："人生八岁，则自王公以下，至于庶人之子弟皆入小学。"考察中国历史的发展，朱熹的话完全符合事实。对启蒙教育的重视，导致了蒙学教材的繁荣，中国各个时代不同文化特色的蒙训教材，对满足童蒙的求知欲望，发挥了很好的作用。阅读收入本书的蒙训，则可以发现，古代一些优秀的蒙训读物，大都较好地承担了向童蒙传授社会历史知识的任务。例如周兴嗣撰写的《千字文》，全文仅一千字，包含的内容却极为广博，天文地理，家庭社会，五谷六畜，草木虫鱼，历朝历代的治乱兴衰，为人处世的方法原则，应有尽有。这就使童蒙在识字的同时，学到了知识，增长了见识。宋朝王应麟撰写的《三字经》，讲历史的部分，只有三百个字，就把上起伏羲、神农，下迄清朝统一全国的发展脉络，讲得清清楚楚，极其简约地勾画出了二十四史的总轮廓。明代程登吉撰写的《幼学琼林》，更是以传授知识为己任。它采用类书的编写方式，用骈语杂叙历史成语典故，罗列古今名物词汇，总括各类蒙书资料，举凡天文地理、岁时节令、文臣武职、道德伦理、身体服饰、人事日用、疾病死丧、释道鬼神、文章技艺、鸟兽花木等等，无不网罗其中，真可以称得上是一部百科全书。旧时读私塾的人，往往读书并不甚多，但却懂得很多成语典故，历史文化知识也相当丰富，其诀窍往往得力于《幼学琼林》一书。

第三，中国古代蒙训读物，注重对童蒙进行伦理道德和人生道理的教育。

我们中华民族向来注重传统道德教育。中国古代蒙训读物在发展的过程中，继承了这个优良的传统，它在教诲童蒙识字、求知的同时，也融进了有关伦理道德和人生道理的教导。收入本书的蒙训读物，在这方面为人们提供了丰富而精辟的思想资料。在这些蒙书中，有的鼓励人积学敦品，如《弟子规》中所述："行高者，名自高，人所重，非貌高；才大者，望自大，人所服，非言大。"有的劝诫人洁身自好，如《小儿语》《续小儿语》中所述："一切言行，都要安详""自家过失，不消遮掩""莫防外面刀枪，只怕随身兵刃，七尺盖世男儿，自杀只消三寸"。有的勉励人善事父母，如《续小儿语》《劝孝歌》中所述："要知亲恩，看你儿郎；要求子顺，先孝爷娘""人不孝其亲，不如禽与兽，慈乌尚反哺，羔羊犹跪足"。有的提醒人谨慎交友，如《小儿语》中所述："要成好人，须寻好友，引醇若酸，那得甜酒。"还有的论说处理问题要辩证，与人交往要宽厚，居家度日要节俭，对待乡邻要和顺……真是述尽数千年成败得失,说破人世间道德真伪。

第四,中国古代蒙训读物,采用通俗的语言与活泼的形式编集,好读好记,易于普及。

中国古代蒙训读物,在内容上都有一个共同的精神,即着眼于人生实用;在形式上也有一个共同的追求,即为广大青少年乃至成人所喜闻乐见。一句话,具有广泛的人民性。它不仅能满足人们的识字、求知的需要,而且能够在很大程度上反映人民群众的情感、愿望。它们歌颂善良、正直、勤劳、和谐,抨击横暴、邪恶、懒惰、乖逆,这些都反映了人民的理想与追求,表达了他们心中的爱和恨。这些作品,蕴含着几千年人民群众的丰富智慧,凝结着大量的人生经验,它不仅成为启迪童蒙的教科书,而且被很多人终生诵习并广泛运用于各个生活领域,成了人民群众汲取文化知识、人生观念的一个重要源泉,也成了他们和不公平的社会环境以及个人命运抗争的重要精神依托。它的普及程度,几乎达到了家喻户晓。从这个意义上讲,中国古代蒙训读物,对人们思想、文化乃至生活方式的影响,超过了中国古代任何一部经典著作。这也是我们今天研究中国古代教育史和家训发展史的一个十分引人注目的文化现象。

中国古代蒙训读物产生于中国漫长的封建社会,出自吮吸封建文化乳汁的文人学士之手,它也不可避免地带着封建阶级的意识形态,其糟粕往往与精华并存。诸如:在劝导人立志向学的时候,往往夹杂着显身扬名的思想;在训导人忠君孝亲的时候,又隐含着"愚忠""愚孝"的成分;在劝勉人积德行善的时候,又宣传了因果报应的唯心论观点;在教育人谨慎处世的时候,又过多地强调了中庸之道;在劝诫女子恪守妇德的时候,又宣扬了

"从一而终"的节烈观……凡此种种，不一而足。

对于古代蒙训读物中所介绍的中华民族的传统美德，我们应当加以发扬光大；对于其中杂揉的封建性糟粕，我们应当以分析的态度进行批判，以避免其消极因素的影响。

选入本书的古代蒙训读物，大都是脍炙人口、曾经长期在人民群众中广泛流传的名篇。为便于读者了解蒙训发展的脉络，我们依时间顺序进行编排，少量难以判定写作年代的著作，放在全书最后。为方便读者阅读，我们对所选蒙训读物进行了标点和注释。由于某些篇目采用当时的口语写成，这就给我们的注释工作带来了一定的困难，对于个别看似浅近、却又不得确解的词语，由于缺乏文献依据，我们只得迴避了。个别篇目中有的文字似乎有误，由于没有可供参校的版本，不便随意更动，只好保持原貌。

在举国上下加强精神文明建设、倡导用中华民族传统美德教育青少年的今天，整理出版中国古代蒙训著作，很有现实意义。我们期望，这些古代蒙训读物，能够为哺育一代新人做出有益的贡献！

夏家善

目 录

千字文 ……………………………	［南北朝］周兴嗣(1)
百家姓 ……………………………	［宋］ 佚 名(19)
三字经 ……………………………	［宋］ 王应麟(22)
幼仪杂箴 …………………………	［明］ 方孝孺(44)
小儿语 ……………………………	［明］ 吕明胜(55)
四言 ………………………………………	(55)
六言 ………………………………………	(56)
杂言 ………………………………………	(56)
女小儿语 …………………………	［明］ 吕得胜(59)
四言 ………………………………………	(59)
杂言 ………………………………………	(61)
续小儿语 …………………………	［明］ 吕 坤(66)
四言 ………………………………………	(66)
六言 ………………………………………	(70)
杂言 ………………………………………	(74)
训蒙歌 ……………………………	［明］ 庞尚鹏(80)

幼学琼林 ·· ［明］ 程登吉(82)

  卷一 ·· (82)

    天文 ··· (82)

    地舆 ··· (86)

    岁时 ··· (90)

    朝廷 ··· (95)

    文臣 ··· (97)

    武职 ·· (102)

  卷二 ··· (108)

    祖孙父子 ·· (108)

    兄弟 ·· (114)

    夫妇 ·· (117)

    叔侄 ·· (122)

    师生 ·· (123)

    朋友宾主 ·· (126)

    婚姻 ·· (131)

    女子 ·· (135)

    外戚 ·· (139)

    老幼寿诞 ·· (142)

    身体 ·· (146)

    衣服 ·· (154)

  卷三 ··· (159)

    人事 ·· (159)

    饮食 ·· (172)

宮室 …………………………………… (176)

　　器用 …………………………………… (178)

　　珍宝 …………………………………… (182)

　　贫富 …………………………………… (185)

　　疾病死丧 ……………………………… (188)

　卷四 …………………………………… (193)

　　文事 …………………………………… (193)

　　科第 …………………………………… (201)

　　制作 …………………………………… (205)

　　技艺 …………………………………… (208)

　　讼狱 …………………………………… (212)

　　释道鬼神 ……………………………… (215)

　　鸟兽 …………………………………… (222)

　　花木 …………………………………… (231)

朱子治家格言 ……………………〔清〕 朱柏庐(237)

弟子规 ……………………………〔清〕 李毓秀(240)

增广贤文 ………………………………… 佚　名(248)

劝孝歌 …………………………………… 玉中书(263)

　后记 ……………………………………… (267)

3

千 字 文[1]

[南北朝] 周兴嗣[2]

天地玄黄[3],宇宙洪荒[4]。日月盈昃[5],辰宿列张[6]。寒来暑往,秋收冬藏。闰余成岁[7],律吕调阳[8]。云腾致雨[9],露结为霜[10]。金生丽水[11],玉出昆冈[12]。剑号巨阙[13],珠称夜光[14]。果珍李柰,菜重芥姜。海咸河淡,鳞潜羽翔。[15]龙师火帝[16],鸟官人皇[17]。始制文字,乃服衣裳[18]。推位让国,有虞陶唐[19]。吊民伐罪[20],周发殷汤[21]。坐朝问道,垂拱平章[22]。爱育黎首[23],臣伏戎羌[24]。遐迩一体[25],率宾归王[26]。鸣凤在竹,白驹食场。化被草木,赖及万方[27]。盖此身发,四大五常[28]。恭惟鞠养[29],岂敢毁伤。女慕贞洁,男效才良。知过必改,得能莫忘。罔谈彼短[30],靡恃己长[31]。信使可覆,器欲难量[32]。墨悲丝染[33],《诗》赞羔羊[34]。景行维贤[35],克念作圣[36]。德建名立[37],形端表正[38]。空谷传声,虚堂习听[39]。祸因恶积,福缘善庆[40]。尺璧非宝[41],寸阴是竞[42]。资父事君[43],曰严与敬[44]。孝当竭力,忠则尽命。临深履薄[45],夙兴温凊[46]。似兰斯馨[47],如松之盛。川流不息,渊澄取映。容止若思[48],言辞安定。笃初诚美[49],慎终宜令[50]。荣业所基[51],籍甚无竟[52]。学优登仕,摄职从政。存以甘棠[53],去而益咏。乐殊贵贱[54],礼别尊卑[55]。上和下睦,夫唱妇随。外受傅训[56]，入奉母仪[57]。诸姑伯叔，犹子比儿[58]。孔怀兄弟[59]，同气连枝。交友投分[60]，切磨箴规[61]。仁慈隐恻[62]，造次弗离[63]。节义廉退[64]，颠沛匪亏[65]。性静情逸，心动神疲[66]。守真志满[67]，逐物意移。坚持雅操[68]，好爵自縻[69]。都邑华夏[70]，东西二京[71]。背邙面洛[72]，浮渭据泾[73]。宫殿盘郁，楼观飞惊。图写禽兽，画彩仙灵。丙舍傍启[74]，甲帐对楹[75]。肆筵设席[76]，鼓瑟吹笙。升阶纳陛[77]，弁转疑星[78]。右通广内[79]，左达承明。既集《坟》《典》[80]，亦聚群英。杜稿钟隶[81]，漆书壁经[82]。府罗将相[83]，路侠槐卿[84]。户封八县，家给千兵[85]。高冠陪辇[86]，驱毂振缨[87]。世禄侈富[88]，车驾肥轻[89]。策功茂实[90]，勒碑刻铭[91]。

注释

[1] 《千字文》：中国古代蒙学读本。南朝梁周兴嗣撰。拓取王羲之遗墨书迹中一千个不同的字，编成四言韵语，叙述有关自然、社会、历史、伦理、教育等方面的知识。隋代即开始流行。有多种续编和改编本。这部流传颇广的著作，被古人称之为"绝妙文章"。由于该书产生于封建时代文人之手，其中也不乏封建糟粕，如书中宣扬的"学而优则仕"的思想、封建的伦理观念等等，均为今日所不取。

[2] 周兴嗣：字思纂，南朝梁项城人。善文辞。梁武帝时拜安成王国侍郎。武帝常命其写文章，撰有《铜表铭》《栅圹碣》《檄魏文》等。尊武帝命，拓取王羲之遗墨书迹中一千个不同的字，编撰成蒙学读物《千字文》，受到武帝称赞。终给事中。一生撰著颇多。

[3] 玄黄：指天地的颜色。玄为天色，黄为地色。

[4] 洪荒:混沌、蒙昧的状态。借指远古时代。

[5] 盈:指月圆无缺。 昃(zè):太阳西斜。

[6] 辰宿(xiù):星宿,星座。 列:陈列,排列。 张:分布。

[7] 闰:历法术语。一回归年的时间为365天5时48分46秒。农历把一年定为354天或355天,所余时间约每三年积累成一个月、五年积累成二个月。为使寒暑正常运替,就需设置闰月调整所余时间。这样的办法,在历法上叫做闰。有闰月的年份叫闰年。

[8] 律吕:古代校正乐律的器具。用竹管或金属管制成,共十二律,管径相同,以管的长短来确定音的不同高度。从低音管算起,成奇数的六个管叫律,成偶数的六个管叫吕,合称律吕。相传黄帝时乐官制乐,用律吕以调阴阳。 阳:此指阴阳。这里四字成句,省去了"阴"字

[9] 腾:升。

[10] 结:凝结。

[11] 丽水:即丽江,又名金沙江。指长江上游自青海玉树县至四川宜宾市的一段。长2308公里。因产金沙,故名。

[12] 昆冈:即昆仑山。在新疆、西藏之间,西接帕米尔高原,东延入青海省境内。长约2500公里。层峰叠岭,势极高峻。

[13] 巨阙:古代名剑。传说越王允常命欧冶子铸宝剑五把,最锋利的一把名巨阙,其余四把依次名为纯钩、湛卢、莫邪、鱼肠。

[14] 夜光:珠名。传说中夜里能发光的明珠。又称夜明珠。

[15] 鳞潜羽翔:鳞,鱼的鳞片,代指鱼;羽,鸟毛,代指鸟。这

句是说,鱼在水中游,鸟在天上飞。

[16] 龙师:师,即官。传说太昊伏羲氏时,以龙名官,如春官为青龙氏,夏官为赤龙氏等。 火帝:即火官。传说尧帝以火名官,如春官为大火,夏官为鹑火等。

[17] 鸟官:传说少昊氏时,以鸟名官,称鸟官、鸟师。 人皇:传说中的远古部落酋长,后将其神化,与天皇、地皇合称三皇。据《史记·三皇本纪》载:"人皇九头,乘云车,驾六羽,出谷口。兄弟九人,分长九州,各立城邑。"

[18] 服:穿(衣服)。

[19] 有虞:即有虞氏。传说中的远古部落名称,舜是其首领。这里指舜。 陶唐:即陶唐氏,传说中的远古部落名称,尧是其首领。这里指尧。

[20] 吊:慰问。 伐:诛伐。

[21] 周:指周朝。姬姓。公元前11世纪周武王灭商后建立,都城镐京(今陕西省西安市),史称西周。公元前771年,犬戎攻破镐京,周幽王被杀。次年,周平王东迁洛邑(今河南省洛阳市),史称东周。东周又分为春秋、战国两个时期。公元前256年为秦所灭。共历三十四王,八百多年。 发:指姬发。即周武王。 殷:即商朝,亦称殷商。公元前16世纪商汤灭夏后所建,都城亳(今河南省商丘县一带)。中经几次迁都,盘庚时迁至殷(今河南省安阳县小屯村),固亦称殷。传至纣,为周武王所灭。共传十七代,三十一王。 汤:指成汤,亦称成商。商代开国之君。

[22] "坐朝问道"二句:垂拱,垂衣拱手;平,公正、平直;章,章明,显扬。这两句总言上文,是说以上诸君皆端坐朝

廷之上,访问治道,垂衣拱手,国治民安。形容治国有方,不费力气。

[23] 育:养育。 黎首:黎民。古代对百姓的称谓。

[24] 臣伏戎羌:臣伏,屈服称臣。这句是说,使戎族、羌族等少数民族俯首称臣。

[25] 遐迩(xiá ěr):远近。此指普天之下。

[26] 率:一概,都。 宾:服从,归顺。 归:往。 王:君王。

[27] "鸣凤在竹"四句:被,及;赖,利益。这四句的大意是,在贤明君主统领下,凤鸟在竹林中鸣叫,小白马在谷场上吃食;君王的恩泽波及万物,行于四海。

[28] 四大:佛教以地、水、火、风为四大。认为四者分别虽包含坚、湿、暖、动四种性能,人身即由此构成。因亦用作人身的代称。 五常:仁、义、礼、智、信。人的身体是这五者的承担者。

[29] 鞠(jū)养:抚养。

[30] 罔:不。

[31] 靡(mǐ):不。

[32] "信使可覆"二句:覆,查验;器欲,胸襟,器量。这两句的意思是,与人约信,要诚实可靠,言不虚妄,可供复验。做人器量要宽广,让人难以度量。

[33] 墨:指墨子(约前468—前376)。春秋战国之际思想家、政治家,墨家的创始人。名翟,相传原为宋国人,后长期居住在鲁国。主张"兼爱",反对儒家"爱有等差"说。现存《墨子》五十三篇。 墨悲染丝:墨子看见匠人把白丝放进染缸里,悲叹白丝被染上了颜色。

[34] 《诗》赞羔羊:《诗·召南·羔羊》中有"羔羊之皮,素丝五紽"的诗句。诗人通过咏羔羊,赞颂羔羊能始终保持洁白如一。以此比喻君子品德高洁。

[35] 景行:语出《诗·小雅·车辖》。高尚的德行。 维:同"惟"。

[36] 克:能够。 圣:指圣贤之人。

[37] 德:指德行。 建:树立。

[38] 形:形体。 表:仪表。

[39] 习:复习。这里指重复。

[40] 缘:因为,由于。

[41] 尺璧:直径一尺的璧玉。言其珍贵。

[42] 寸阴:片刻光阴。 竞:争。

[43] 资父:赡养和侍奉父亲。

[44] 严:敬畏,惧怕。

[45] 深:指深渊。 履:走过。 薄:指薄冰。

[46] 夙(sù):早。 兴:起来。 温凊:"冬温夏凊"的节略。语出《礼记·曲礼上》。意即人子事双亲,要冬天使之暖,夏天使之凉。

[47] 馨(xīn):清香,芳香。

[48] 容止:仪容举止。 若思:沉静安详。

[49] 笃(dǔ):诚厚,诚笃。 初:开始。

[50] 令:善,美好。

[51] 荣:显荣。 业:事业。 基:根基。

[52] 籍甚:盛大,盛多。 竟:终了,完毕。

[53] 甘棠:棠梨树。据《史记·燕召公世家》载,西周初年,召公南巡时曾在一棵棠梨树下审理案情,后人因其爱

民而感戴他,不忍心砍伐此树,并写下《甘棠》诗歌颂他。后遂以"甘棠"称颂循吏的美政和遗爱。

[54] 乐:音乐。 殊:殊异。

[55] 礼:礼节。

[56] 傅:指老师。

[57] 入:指进于家内。 母仪:母亲的仪范。

[58] 犹子:侄儿、侄女。

[59] 孔:甚,很。 怀:思念,怀念。

[60] 投:投合,相合。 分:情分。

[61] 切磨:指学问上的切磋研究。 箴(zhēn)规:劝诫规谏。

[62] 隐恻:即"恻隐",同情,怜悯。

[63] 造次:轻率,随便。

[64] 节:气节,节操。 退:谦让,退让。

[65] 颠沛:困顿,挫折。 匪:同"非"。不,不要。 亏:亏缺。

[66] 心动神疲:心存外欲,就会疲惫不堪。

[67] 守真:保持真性。 志:志欲,愿望。

[68] 雅操:雅,素常;操,操守。雅操,高尚的操守。

[69] 好爵:高官厚禄。 縻(mí):系,拴。

[70] 都邑:京城,京都。 华:华美,光耀。 夏:大,宏大。

[71] 二京:指东京洛河和西京长安。东汉都城洛阳,因地处西汉旧都长安之东,故称洛阳为东京,长安为西京。洛阳,我国古都之一。在河南西部,洛河横贯。东周、东汉、三国魏、西晋、北魏、五代后唐等均建都于此。长安,我国古都之一。汉高帝五年(公元前202年)置县,

七年定都于此。此后西汉、新、东汉、西晋、前赵、前秦、后秦、西魏、北周、隋、唐皆定都于此。

[72] 背邙面洛：指洛阳北靠邙山，南临洛水。邙山，在河南省西部。东西走向。西起三门峡市，东止伊洛河岸。洛水，即今洛河。是黄河下游南岸的大支流。在河南省西部。

[73] 浮渭据泾：指西安左滨渭水，右依泾河。渭水，黄河最大支流。源出甘肃省渭源县西北鸟鼠山，东南流至渭水县，入陕西省境，横贯渭河平原，东流至潼关，入黄河。泾河，渭河支流。源出宁夏回族自治区南部六盘山东麓，东南流经甘肃省，至陕西省高陵县境入渭河。

[74] 丙舍：宫中正室两旁的房屋，以甲乙丙为次，其第三等舍称丙舍。　傍(páng)：旁边，侧面。　启：开。

[75] 甲帐：汉武帝所造帐幕。饰琉璃珠、夜光珠等珍宝者为甲账，以居神，其次为乙账，以自居。　楹：柱子。

[76] 肆：陈设。

[77] 升：登。　纳：进入。　陛：台阶。

[78] 弁(biàn)：古代贵族的一种帽子。　疑：好似。

[79] 广内：与下文"承明"均为宫殿名。

[80] 《坟》《典》：《三坟》《五典》的并称，后转为古代典籍的通称。

[81] 杜稿：指杜度的草书手稿。杜度，东汉京兆杜陵人。章帝时为齐相。善草书。建初年间，章帝诏令其草书上章奏，后世称为章草。　钟隶：指钟繇隶书的真迹。钟繇(151－230)，三国时魏大臣，书法家。字元常，颍川长社(今河南省长葛东)人。精工书法，兼善各体，尤精

隶楷。真迹不传,有《贺捷》《宣示》等帖,为后人所临摹。

[82] 漆书:用漆写的竹木简。 壁经:亦称"壁中书"。汉代发现于孔子宅壁中藏书。近人认为这些书是战国时的写本,至秦始皇焚书坑儒时,孔子八世孙孔鲋藏入壁中的。

[83] 罗:排列,分布。

[84] 侠:同"夹"。 槐卿:指三公九卿。

[85] "户封八县"二句:意思是说,每家都有八个县的封地,家设兵丁有上千人之多。

[86] 辇(niǎn):帝王乘坐的车。

[87] 毂(gǔ):车轮。 缨:系冠的带子。

[88] 世禄:世代享有爵禄。

[89] 肥:就驾车的马而言。 轻:就车而言。

[90] 策功:即策勋。记功勋于策书之上。 茂实:盛美的德业。

[91] 勒:雕刻。

磻溪伊尹[1],佐时阿衡[2]。奄宅曲阜[3],微旦孰营[4]。桓公匡合[5],济弱扶倾[6]。绮回汉惠[7],说感武丁[8]。俊乂密勿[9],多士寔宁[10]。晋楚更霸[11],赵魏困横[12]。假途灭虢[13],践土会盟[14]。何遵约法[15],韩弊烦刑[16]。起翦颇牧[17],用军最精。宣威沙漠[18],驰誉丹青[19]。九州禹迹[20],百郡秦并[21]。岳宗泰岱[22],禅主云亭[23]。雁门紫塞[24],鸡田赤城[25]。昆池碣石[26],巨野洞庭[27]。旷远绵邈[28],岩岫杳冥[29]。治本于农[30],务兹稼穑[31]。俶载南亩[32],我艺黍稷[33]。税熟贡新,劝赏黜陟[34]。孟轲敦素[35],史鱼秉直[36]。庶几中庸,劳谦谨敕[37]。聆音察理,鉴貌辨色。贻厥嘉猷[38],勉其祗植[39]。省躬讥诫,宠增抗极[40]。殆辱近耻[41],林皋幸即[42]。两疏见机[43],解组谁逼[44]。索居闲处[45],沉默寂寥。求古寻论,散虑逍遥[46]。欣奏累遣[47],戚谢欢招[48]。渠荷的历[49],园莽抽条[50]。枇杷晚翠[51],梧桐蚤凋[52]。陈根委翳[53],落叶飘飖。游鹍独运,凌摩绛霄[54]。耽读玩市[55],寓目囊箱[56]。易輏攸畏[57],属耳垣墙[58]。具膳餐饭[59],适口充肠。饱饫烹宰[60],饥厌糟糠[61]。亲戚故旧,老少异粮。妾御绩纺[62],侍巾帷房[63]。纨扇圆絜[64],银烛炜煌[65]。昼眠夕寐,蓝笋象床[66]。弦歌酒宴,接杯举觞[67]。矫手顿足[68],悦豫且康[69]。嫡后嗣续[70],祭祀烝尝[71]。稽颡再拜[72],悚惧恐惶[73]。笺牒简要[74],顾答审详[75]。骸垢想浴[76],执热愿凉。驴骡犊特[77],骇跃超骧[78]。诛斩贼盗,捕获叛亡。布射僚丸[79],嵇琴阮啸[80]。恬笔伦纸[81],钧巧任钓[82]。释纷利俗[83],并皆佳妙。毛施淑姿[84],工颦妍笑[85]。年矢每催[86],曦晖朗曜[87]。璇玑悬斡[88],晦魄环照[89]。指薪修祜[90],永绥吉劭[91]。矩步引领[92],俯仰廊庙。束带矜庄[93],徘徊瞻眺[94]。孤陋寡闻,愚蒙等诮[95]。谓语助者[96],焉哉乎也[97]。

注释

[1] 磻(pán)溪:本为水名。在今陕西省宝鸡市东南。传说为周朝吕尚未遇文王时垂钓之处,故借指吕尚。 伊尹:商初大臣。名伊,尹是官名。传说奴隶出身,原为有莘氏女的陪嫁之臣,商汤用为"小臣",后任以国政,辅佐商汤攻灭夏桀。

[2] 佐时:辅佐当世之君治理国家。 阿衡:周代官名。相

当于宰相。伊尹曾任此职,亦用以指伊尹。

[3] 奄:古国名。在今山东省曲阜东。 宅:居住,住所。
　　曲阜:孔子故里。在山东省中南部。周为鲁国都,秦置鲁县,隋改曲阜县。

[4] 微:无,没有。 旦:即周公。西周初年政治家。姬姓,名旦,亦称叔旦。因采邑在周(今陕西省岐山北),故称周公。文王之子,武王之弟。武王死后,成王年幼,由他摄政。其间,东征平叛,封邦建国,制礼作乐,建立典章制度。 营:建造,经营。

[5] 桓公:即齐桓公(? —前643),春秋时齐国君主。姜姓,名小白。公元前685—前643年在位。曾任用管仲进行政革,国力大增。于是提出"尊王攘夷",借以发展自己的势力,成为春秋时第一个霸主。 匡:纠正,扶正。

[6] 倾:倾覆。

[7] 绮:指绮里季,商山四皓(秦时避乱于商山的四个白须眉老者)之一。据《史记·留侯世家》载,汉初高祖(刘邦)召之不至,后来高祖欲废太子(即后来的汉惠帝),张良用计迎四皓辅佐太子,高祖见太子羽翼已成,于是打消了废太子的念头。 汉惠:即汉惠帝刘盈,公元前194—前188年在位。

[8] 说(yuè):指傅说。商王武丁的大臣。相传原是傅岩从事版筑的奴隶。武丁夜里梦见傅说将辅佐他,于是画像访求,找到傅说,用为大臣,治理国政,一度扭转了商朝的颓势。 感:感应于梦中。 武丁:殷代国王。盘庚弟小乙之子。殷至盘庚死后,国势衰落。武丁立,用傅说为相,勤修政事,又趋强盛。在位五十九年,死后

11

称高宗。

[9] 俊乂(yì):亦作"俊艾"。才能出众的人。 密勿:勤勉努力。

[10] 多士:古指众多的贤士。也指百官。

[11] 晋:古代诸侯国名。西周成王分封的诸侯国。姬姓。在今山西省南部。晋文公时,国势强盛,成为霸主。公元前四世纪中叶,晋国为韩、赵、魏三家大夫所分。

楚:古国名。芈(mǐ)姓。西周时立国于荆山一带,都丹阳(今湖北省秭归东南)。后建都于郢(今湖北省江陵西北)。春秋战国时,国势强盛,疆域扩大,不断与晋争霸,楚庄王曾为霸主。其后国势渐衰,屡败于秦,公元前223年为秦所灭。 更:更换,替代。

[12] 赵:古国名。战国七雄之一。开国君主赵烈侯(名籍)是晋大夫赵衰的后代,和魏、韩瓜分晋国而立,建都晋阳(今山西省太原东南)。 魏:古国名。战国七雄之一。开国君主魏文侯(名斯)是毕万的后代,和韩、赵一起瓜分晋国而立,建都安邑(今山西省夏县西北)。

困:窘迫。 横:连横。战国时张仪游说六国共同事奉秦国称连横。苏秦说六国联合抗秦叫合纵。由于连横,秦国远交近攻,先打赵、魏,所以说"赵魏困横"。

[13] 假途:亦作"假涂"。借路。 虢(guó):古国名。在今河南省三门峡和山西省平陆一带,公元前655年为晋所灭。

[14] 践土:春秋郑国地名。在今河南省原阳西南。公元前632年,晋文公在此作王宫与诸侯会盟,确立霸权,成为盟主。 会盟:古代诸侯相会结盟。

[15] 何遵约法:汉初大臣萧何,沛县(今属江苏省)人。曾为沛县令。佐刘邦起义,为建立汉王朝起了重要作用。刘邦初入关,与父老约法三章:"杀人者死,伤人及盗抵罪,余悉除秦苛法。"萧何曾奉刘邦之约法,参照《秦律》作《汉律》九章。

[16] 韩:指韩非(约前280—前233),战国末期哲学家,法家的主要代表人物。出身韩国贵族。建议韩王变法图强,不见用。后被邀出使秦国,为李斯等陷害,冤死狱中。著有《韩非子》。 弊:定罪。此言韩非倡烦刑而受诬冤死狱中。 烦刑:苛刻的刑法。

[17] 起:指白起(？—前257),一称公孙起。战国时秦国名将。郿(今陕西省眉县)人。 翦:指王翦。战国末年秦将。频阳(今陕西省富平东北)人。为秦王政(即秦始皇)所重用。先后率军攻破赵国、燕国和攻灭楚国。后封武城侯。 颇:指廉颇。战国时赵国名将。后任相国,封信平君。赵悼襄王时不得志,奔魏居大梁(今河南省开封市)。后老死于楚。 牧:指李牧(？—前228),战国末年赵将。长期戍边,后率军攻秦,因功封武安君。后因赵王中秦反间计,被杀。

[18] 宣威:宣扬威力。

[19] 驰誉:声名远扬。 丹青:本指彩色。古代丹册纪勋,青史纪事。此以"丹青"指史籍。

[20] 九州:指冀、兖、青、徐、扬、荆、豫、梁、雍。相传禹平水土,分天下为九州。后以"九州"泛指天下。 禹迹:大禹治水的足迹。

[21] 秦:指秦朝。我国历史上第一个专制主义中央集权的

封建王朝。公元前221年,秦王政统一中原,自称始皇帝,建都咸阳。公元前206年,为汉所灭。传二世,共十五年。　并:合并为一。指秦统一。

[22] 岳:指五岳。即东岳泰山,西岳华山,南岳衡山,北岳恒山,中岳嵩山。　宗:尊崇。　泰岱:即泰山。在山东省中部。古称东岳,也称岱宗、岱山、岱岳、泰岱。古代帝王常在此举行封禅大典。

[23] 禅(shàn):封禅。古代帝王祭天地的大典。在泰山上筑土为坛,报天之功,称封;在泰山下的小山上辟场祭地,报地之德,称禅。　云亭:即云云山和亭亭山。均为泰山下的小山。

[24] 雁门:即雁门关,在山西省北部。　紫塞:北方边塞。此指长城。据《古今注》载,秦始皇筑长城,其长万里,土色皆紫,故称紫塞。

[25] 鸡田:古地名。　赤城:古地名。几种说法不一。

[26] 昆池:即滇池。在云南省昆明市西南。　碣石:山名。在河北省昌黎县西北。

[27] 巨野:泽名。在河北省巨野县,今已涸。　洞庭:即洞庭湖。在湖南省北部、长江南岸。为我国第二大淡水湖。

[28] 绵邈(miǎo):辽阔遥远。

[29] 岩岫(xiù):山洞。　杳(yǎo)冥:深远昏暗。

[30] 治:治国治生。　本:根本。

[31] 务:从事,致力。　兹:此。　稼穑(sè):耕种和收获。泛指农业劳动。

[32] 俶(chù):始,开始。　载:从事。　南亩:语出《诗·小

雅·大田》。谓农田。南坡向阳,利于农作物生长,古人田土多向南开辟,故称。

[33] 艺:种植。

[34] "税熟贡新"二句:这两句的意思是,庄稼收获之后,把好的缴纳贡税,种庄稼好的受到奖勉,种得不好的受到处罚。

[35] 敦:崇尚。 素:素位。儒家所提倡的安于素常的立身处世哲学。

[36] 史鱼:春秋末年卫国史官。以正直敢谏著称。

[37] 劳:勤劳。 敕(chì):劝诫,告诫。

[38] 贻厥:遗留,留传。 猷(yóu):谋略,谋划。

[39] 勉其祗(zhī)植:祗,恭敬;植,立。这句的意思是,勉励子孙谨慎地立身处世。

[40] 抗:抵御。 极:极端,过度。

[41] 殆(dài):接近。

[42] 林皋:指山林皋壤或树林水岸。指退隐之地。 幸:幸好。即走近,靠近。

[43] 两疏:指疏广、疏受。二人为叔侄。西汉东海兰陵(今山东省枣庄市东南)人。宣帝时,疏广任太子太傅。疏受任太子少傅。在任五年,皆因年老称病辞官。

[44] 解组:解下印绶。指辞官。

[45] 索居:孤独的散处一方。

[46] 散虑:排遣思虑。即不再苦心思索。

[47] 奏:进。这里有增添的意思。 累:牵累,牵挂。

[48] 戚:忧愁,烦闷。 谢:丢开,除去。

[49] 渠:沟渠。 的历:光亮鲜艳的样子。

[50] 莽:茂密的草丛。 抽条:长出枝条。

[51] 晚:指岁暮。

[52] 蚤:通"早"。

[53] 委:通"萎"。枯萎。 殪(yì):通"殪"。树木枯死。

[54] 凌摩:迫近,接近。 绛霄:指天空极高处。

[55] 耽:沉迷。 玩市:市场。据《后汉书·王充传》载,王充家贫无书,常游洛阳书肆,阅读所卖之书。

[56] 寓目:观看,过目。 囊箱:成书之器。此指其中所贮之书。

[57] 易:忽视。 輶(yóu):轻视。 攸:所。

[58] 属(zhǔ)耳:以耳触物。常谓窃听。

[59] 具:备办。

[60] 饫(yù):足。 烹宰:宰杀、烹煮牛羊。此指吃大鱼大肉。

[61] 厌:满足。

[62] 御:陪侍。 绩:古指缉麻。 纺:古指纺丝。

[63] 侍:此指侍奉丈夫。 巾:裹头的丝麻织品。这里指穿戴用的东西。 帷房:内室。

[64] 纨扇:细织做成的团扇。 絜(jié):通"洁"。洁白。

[65] 炜(huī)煌:火光炫耀。

[66] 笋:竹席。

[67] 觞(shāng):盛满酒的杯。亦泛指酒器。

[68] 矫:举起。

[69] 悦豫:喜悦,愉快。 康:安乐。

[70] 嫡(dí):正妻所生之子。 嗣(sì)续:子孙世代延续。

[71] 祭祀:以食物祀神供祖。 烝尝:均指祭祀的名称。

《礼记·王制》中说,春祀叫礿,夏祀叫禘,秋祀叫尝,冬祀叫烝。这里说的烝尝,实际包括了四时祭祀。

[72] 稽(qǐ)颡(sǎng):稽,叩头至地;颡,额头。稽颡,古代一种跪拜礼,屈膝下拜,以额触地,表示极度的虔诚。

[73] 悚(sǒng):恐惧,惶恐。

[74] 笺、牒(dié):均指书札。

[75] 顾:回首,回视。

[76] 骸:身体。

[77] 犊:小牛。 特:此指大牛。

[78] 超骧(xiāng):腾跃而前。

[79] 布:指吕布(?—198),字奉先,东汉末九原(今内蒙古自治区包头市西北)人。善弓马,时号"飞将"。建安三年(公元198年)在下邳为曹操所败,被擒杀。 僚:指熊宜僚,春秋末年楚国勇士。相传善于弄丸为戏,可敌五百人。

[80] 嵇:指嵇康(224—263),三国魏文学家、思想家、音乐家。字叔夜,谯郡铚(今安徽省宿县西南)人。官中散大夫,世称"嵇中散"。为"竹林七贤"之一。善弹琴,以弹《广陵散》著名。 阮:指阮籍(210—263),三国魏文学家、思想家。字嗣宗,陈留尉氏(今属河南省)人。曾为步兵校尉,世称"阮步兵"。与嵇康齐名,为"竹林七贤"之一。擅吹啸,原籍有阮公啸台。

[81] 恬:指蒙恬(?—前210),秦名将。祖籍齐。秦统一六国后,率兵击退匈奴,修筑长城,守边数年。后为秦二世所迫,自杀。传说他曾改良过毛笔。 伦:指蔡伦(?—121),字敬中,东汉桂阳(郡治今湖南省郴州市)

人。和帝时,为中常侍。后世传为我国造纸术的发明人。

[82] 钧:指马钧。三国时机械制造家。字德衡,扶风(治今陕西省兴平东南)人。官博士、给事中。生性巧慧、善思,发明了指南针和龙骨水车。　任:指《庄子·外物》中所说在东海钓得大鱼的任公子。　钓:以饵取鱼。

[83] 释纷:解决纷争。　俗:世俗,尘世。

[84] 毛施:指毛嫱、西施。均为古代美女。

[85] 工:善于。　颦(pín)。　妍(yán):喜好。

[86] 年矢:谓时光易逝,其速如矢。

[87] 曦晖:太阳的光辉。　朗:明亮。　曜(yào):照耀。

[88] 璇玑(xuán jī):北斗前四星。也叫魁。此指北斗。　悬:悬挂。　斡(wò):旋转,运转。

[89] 晦魄:夜月。　环:回还,循环。

[90] 指薪:据《庄子·养生主》载,"指穷于为薪,火传也,不知其尽也。"大意是,用柴烧火,柴化为灰,但火自己是不会灭的。比喻人体如柴火,会化为灰烬,但人类的生命会无穷的延续。　祜(hù):福;大福。

[91] 绥:安。　劭(shào):美好。

[92] 矩步:形容举动合乎规矩。　引领:伸颈远望。

[93] 矜庄:严肃庄敬。

[94] 徘徊:往返回旋。此指举止从容。　瞻眺:远望,观看。

[95] 愚蒙:愚昧不明。　诮:讥讽,嘲笑。

[96] 谓:说。

[97] 焉哉乎也:此四字皆为古书中的语气助词。

百家姓[1]

[宋] 佚名

赵钱孙李,周吴郑王。冯陈褚卫,蒋沈韩杨。
朱秦尤许,何吕施张。孔曹严华,金魏陶姜。
戚谢邹喻,柏水窦章。云苏潘葛,奚范彭郎。
鲁韦昌马,苗凤花方。俞任袁柳,酆鲍史唐。
费廉岑薛,雷贺倪汤。滕殷罗毕,郝邬安常。
乐于时傅,皮卞齐康。伍余元卜,顾孟平黄。
和穆萧尹,姚邵湛汪。祁毛禹狄,米贝明臧。
计伏成戴,谈宋茅庞。熊纪舒屈,项祝董梁。
杜阮蓝闵,席季麻强。贾路娄危,江童颜郭。
梅盛林刁,钟徐邱骆。高夏蔡田,樊胡凌霍。
虞万支柯,昝管卢莫。经房裘缪,干解应宗。
丁宣贲邓,郁单杭洪。包诸左石,崔吉钮龚。
程嵇邢滑,裴陆荣翁。荀羊於惠,甄麴家封。
芮羿储靳,汲邴糜松。井段富巫,乌焦巴弓。
牧隗山谷,车侯宓蓬。全郗班仰,秋仲伊宫。
宁仇栾暴,甘钭厉戎。祖武符刘,景詹束龙。
叶幸司韶,郜黎蓟薄。印宿白怀,蒲邰从鄂。

索咸籍赖,卓蔺屠蒙。池乔阴郁,胥能苍双。
闻莘党翟,谭贡劳逄。姬申扶堵,冉宰郦雍。
郤璩桑桂,濮牛寿通。边扈燕冀,郏浦尚农。
温别庄晏,柴瞿阎充。慕连茹习,宦艾鱼容。
向古易慎,戈廖庚终。暨居衡步,都耿满弘。
匡国文寇,广禄阙东。欧殳沃利,蔚越夔隆。
师巩库聂,晁勾敖融。冷訾辛阚,那简饶空。
曾毋沙乜,养鞠须丰。巢关蒯相,查后荆红。
游竺权逯,盖益桓公。万俟司马[2],上官欧阳。
夏侯诸葛,闻人东方。赫连皇甫,尉迟公羊。
澹台公冶,宗政濮阳。淳于单于,太叔申屠。
公孙仲孙,轩辕令狐。钟离宇文,长孙慕容。
鲜于闾丘,司徒司空。亓官司寇,仉督子车。
颛孙端木,巫马公西。漆雕乐正,壤驷公良。
拓拔夹谷,宰父榖梁。晋楚闫法,汝鄢涂钦。
段干百里,东郭南门。呼延归海,羊舌微生。
岳帅缑亢,况后有琴。梁丘左丘,东门西门。
商牟佘佴,伯赏南宫。墨哈谯笪,年爱阳佟。
第五言福,百家姓终。

注释

[1] 《百家姓》:《百家姓》是旧时流行的蒙学读物之一。北宋初年编,作者佚名。《百家姓》收录单姓442个,复姓61个,一般常见姓氏基本包括在内了。《百家姓》产生于北宋,因北宋皇帝姓赵,为尊国姓,故以赵居首。全书虽然都是由孤立的单字组织起来的,相互之间没有

意义联系,但由于采用了四言韵语的形式,读起来上口,听起来悦耳,使每一个人都感到亲切。《百家姓》自产生以来,一直家喻户晓,妇孺皆知,与《三字经》《千字文》并驾齐驱。

[2] 下边画横线的为复姓,以下同。

三 字 经[1]

[宋] 王应麟[2]

人之初,性本善,性相近,习相远。
苟不教,性乃迁,教之道,贵以专。
昔孟母,择邻处,子不学,断机杼[3]。
窦燕山[4],有义方[5],教五子,名俱扬。
养不教,父之过。教不严,师之惰。
子不学,非所宜,幼不学,老何为?
玉不琢,不成器,人不学,不知义[6]。
为人子,方少时,亲师友,习礼仪。
香九龄[7],能温席,孝于亲,所当执。
融四岁[8],能让梨,弟于长,宜先知。
首孝弟,次见闻,知某数,识某文。
一而十,十而百,百而千,千而万。
三才者:天地人。三光者:日月星。
三纲者[9]:君臣义,父子亲,夫妇顺。
曰春夏[10],曰秋冬,此四时,运不穷。
曰南北,曰东西,此四方,应乎中。
曰水火,金木土,此五行,本乎数[11]。

曰仁义,礼智信,此五常,不容紊[12]。

稻粱菽,麦黍稷,此六谷,人所食。

马牛羊,鸡犬豕[13],此六畜,人所饲。

曰喜怒,曰哀惧,爱恶欲[14],七情具。

匏土革[15],木石金[16],丝与竹[17],乃八音[18]。

高曾祖[19],父而身[20],身而子,子而孙,自子孙,至玄曾[21],乃九族[22],人之伦[23]。

父子恩,夫妇从[24],兄则友,弟则恭,长幼序,友与朋,君则敬,臣则忠,此十义[25],人所同。

凡训蒙[26],须讲究,详训诂[27],明句读[28]。

为学者,必有初,小学终[29],至《四书》[30]。

《论语》者[31],二十篇,群弟子,记善言[32]。

《孟子》者[33],七篇止,讲道德,说仁义。

作《中庸》[34],乃孔伋[35],中不偏,庸不易[36]。

作《大学》[37],乃曾子[38],自修齐[39],至平治[40]。

《孝经》通[41],《四书》熟,如《六经》[42],始可读。

《诗》《书》《易》[43],《礼》《春》《秋》[44],号《六经》,当讲求。

有《连山》[45],有《归藏》[46],有《周易》,三易详[47]。

有"典""谟",有"训""诰",有"誓""命"[48],《书》之奥。

我周公,作《周礼》,著六官[49],存治体[50]。

大小戴[51],注《礼记》,述圣言,礼乐备[52]。

曰《国风》,曰《雅》《颂》,号四诗[53],当讽咏。

《诗》既亡,《春秋》作,寓褒贬,别善恶。

三传者[54],有《公羊》[55],有《左氏》[56],有《榖梁》[57]。

经既明,方读子[58],撮其要,记其事。

五子者,有荀扬[59],文中子[60],及老庄[61]。

经子通,读诸史,考世系[62],知终始。

注释

[1] 《三字经》:中国旧时流传最广的蒙训读物。作者相传为宋代的王应麟(一说为区适子)。明清学者陆续补充。《三字经》除给人以大量的历史文化知识外,还教育少年儿童从小懂得尊敬师长、刻苦学习、相互谦让等做人的道理。它言简意赅,读来上口,便于儿童记诵。然其中所宣扬的"三纲""五常""读书做官"等封建伦理道德,则应予以摒弃。

[2] 王应麟(1223—1296):南宋学者。字伯厚,号深宁居士,先世居浚仪(今河南开封),后迁居庆元(路治今浙江鄞县)。淳祐年间进士。官至礼部尚书兼给事中。于经史百家、天文地理均有研究;熟悉掌故制度,长于考证。著有《困学纪闻》《玉海》《诗地理考》等。

[3] 机杼(zhù):杼,织梭。机杼,织布机上的梭子。

[4] 窦燕山:即窦禹钧,五代后晋时人,家住幽州(今北京一带)燕山脚下,人称窦燕山。他教子有方,五个儿子相继及第,当时人称"五子登科"。

[5] 义方:行事应该遵守的规范和道德。后多指教子的正道。

[6] 义:道理。

[7] 香:指黄香,字文疆,东汉江夏安陆(今属湖北)人。九岁丧母,事父至孝,暑扇床枕,寒以身温席。幼博学能文,京师号曰"天下无双,江夏黄童"。官至尚书令。著有《九宫赋》《天子冠颂》等文。 龄:年龄。

[8] 融:指孔融(153—208)。汉末文学家。字文举,孔子二十代孙。曾任北海相、少府、大中大夫等职。善文章,又能诗,为"建安七子"之一。后因触怒曹操,被杀。相传孔融四岁就知逊让,与兄让梨的故事被传为美谈。

[9] 三纲:我国封建社会中谓君为臣纲、父为子纲、夫为妻纲,合称三纲。

[10] 曰:语首助词,无意义。

[11] 数:规律,必然性。

[12] 紊:乱。

[13] 豕(shǐ):猪。

[14] 恶(wù):厌恶。

[15] 匏(páo):笙竽一类乐器。 土:埙。古代一种吹奏乐器。 革:指革制的鼓类乐器。

[16] 木:指柷一类木制乐器。 石:指磬一类石质乐器。 金:指锣、铃一类金属乐器。

[17] 丝:指琴、瑟一类丝弦乐器。 竹:指笛箫一类竹制乐器。

[18] 八音:我国古代对乐器的总称。

[19] 高曾祖:指高祖父、曾祖父、祖父。

[20] 而:介词。到。 身:指自己。

[21] 玄曾:指玄孙、曾孙。

[22] 九族:以自己为本位,上推至四世之高祖,下推至四世之玄孙为九族。一说父族四、母族三、妻族二,合为九族。

[23] 人伦:指人的尊卑长幼之间的关系。

[24] 从:顺从,和顺。

[25] 十义:儒家提倡的伦理道德的十个原则,即君仁、臣忠、父慈、子孝、兄良、弟悌、夫义、妇听、长惠、幼顺。

[26] 训蒙:教育儿童。多指旧时学塾对儿童进行启蒙教育。

[27] 训诂:对古书字句所作的解释。

[28] 句读(dòu):古人指文辞休止和停顿处。文辞语意已尽处为句(用"。"表示),未尽而须停顿处为读(用"、"表示)。

[29] 小学:汉代称文字学为小学。因儿童入小学先学文字,故名。

[30] 《四书》:《论语》《大学》《中庸》《孟子》的合称。南宋理学家朱熹注《论语》,又从《礼记》中摘出《中庸》《大学》,分章断句,加以注释,配以《孟子》,题称《四书章句集注》,"四书"之名始立,后用作学习的入门书。

[31] 《论语》:儒家经典之一。是孔子弟子及其再传弟子关于孔子言行的记录,是研究孔子思想的主要资料。

[32] 善言:有教益的言论。

[33] 《孟子》:儒家经典之一。战国时孟子及其弟子万章等著;一说是孟子弟子、再传弟子的记录。书中记载了孟子的政治活动、政治学说以及唯心主义的哲学伦理教育思想等。

[34] 《中庸》:儒家经典之一。原是《礼记》中的一篇。相传为孔子之孙子思所作。

[35] 孔伋(前483—前402):字子思。孔子之孙。战国初期哲学家。相传曾受业于曾子。他把儒家的道德观念"诚"说成是世界的本原,以"中庸"为其学说的核心。

[36] 易:改变。

[37] 《大学》:儒家经典之一。原是《礼记》中的一篇,相传为曾子所作。

[38] 曾子(前505—前436):名参,字子舆,春秋末年鲁国南武城(今山东省费县)人。孔子的学生。以孝著称。相传《大学》为其所作。后被封建统治者尊为"宗圣"。

[39] 修齐:修身、齐家的省称。

[40] 平治:即"治平"。治国、平天下的省称。

[41] 《孝经》:儒家经典之一。作者各说不一,以孔门后学所作一说较为合理。论述封建孝道,宣传宗法思想,汉代列为七经之一。

[42] 《六经》:六部儒家经典,即《诗》《书》《礼》《易》《春秋》五经之外,另加《乐经》。后世学者认为,《乐经》本无专门之书,而包含在《诗》《礼》之中。

[43] 《诗》:《诗经》的简称。儒家经典之一。编成于春秋时代。共三百〇五篇,分"风""雅""颂"三大类,是中国最早的诗歌总集。 《书》:《尚书》的简称。儒家经典之一。相传由孔子编选而成。是中国上古历史文件和追述部分古代事迹著作的汇编。 《易》:《周易》的简称,亦称《易经》。儒家重要经典之一。相传为周朝人所作。内容包括《经》和《传》两部分。《经》主要是六十四卦和三百八十四爻。又有卦辞、爻辞说明卦、爻,相传文王作辞。《传》则包含解释卦辞、爻辞的文辞十篇,统称《十翼》,旧传为孔子作。据近人研究,并非出自一时一人之手。

[44] 《礼》:此指《礼记》和《周礼》。《礼记》,亦称《小戴礼记》。儒家经典之一。相传由西汉戴圣编纂,共四十九

篇,是秦、汉以前各种礼仪论著的选集。《周礼》,亦称《周官》或《周官经》。儒家经典之一。搜集周王室官制和战国时期各国制度,添附儒家政治理想,增减排比而成的汇编,共六篇。近人研究认为是战国时期的作品。《春秋》:即编年体《春秋》史。儒家经典之一。相传由孔子依据鲁国史官所编《春秋》加以整理修订而成。

[45] 《连山》:相传为《周易》前的古《易》。连山卦以纯艮(☶)开始,艮象征地,故名。

[46] 《归藏》:相传为《周易》前的古《易》。归藏卦以纯坤(☷)为首,坤象征地,"万物莫不归藏于其中",故名。

[47] 三易:《连山》《归藏》《周易》的合称。

[48] 典、谟、训、诰、誓、命:是《尚书》所收文献的六个大类。

[49] 六官:周六卿之官。《周礼》以天官冢宰、地官司徒、春官宗伯、夏官司马、秋官司寇、冬官司空分掌邦国之政,总称六官或六卿。

[50] 治体:治国的纲领、要旨。

[51] 大小戴:指汉代学者戴德(大戴)和他的侄儿戴圣(小戴)。戴德,字延君;戴圣,字次君,均为梁(郡治今河南商丘)人。叔侄同学《礼》于后苍,宣帝时,皆立为博士。二人选集古代各种有关礼仪的论述,分别编成《大戴礼记》和《小戴礼记》。《小戴礼记》即今本《礼记》。

[52] 礼乐(yuè):礼节和音乐。古代帝王常用兴礼乐为手段,以求达到尊卑有序、远近和合的统治目的。

[53] 四诗:指《诗经》中的"风""雅"(又分大雅和小雅)、"颂"三种诗歌的类型。"风""雅""颂"三诗与"赋""比""兴"三体,合称《诗经》六义。

[54] 三传:解释《春秋》的三种著作,即《公羊传》《左传》《穀梁传》。

[55] 《公羊》:即《公羊传》,亦称《春秋公羊传》或《公羊春秋》。儒家经典之一。旧题战国公羊高撰。专门阐释《春秋》。初仅口说流传,汉初才成书。是研究战国、秦、汉间儒家思想的重要资料。

[56] 《左氏》:即《左传》,亦称《春秋左氏传》或《左氏春秋》。

[57] 《穀梁》:即《穀梁传》,亦称《春秋穀梁传》或《穀梁春秋》。儒家经典之一。旧题战国穀梁赤撰。初仅口说流传,西汉才成书。专门阐释《春秋》。是研究秦、汉间和汉初儒家思想的重要资料。

[58] 子:此指诸子百家的书。

[59] 荀扬:指荀子、扬雄。荀子(约前313—前238),即荀况。战国时期思想家、教育家。学者尊之,称为荀卿,汉代人避宣帝(刘询)讳,称孙卿。赵国人。游学于齐,三为祭酒,后赴楚国,为兰陵令。著有《荀子》。扬雄(前53—18),一作杨雄。两汉文学家、哲学家、语言学家。字子云,蜀郡成都人。著有《輶轩使者绝代语释别国方言》(后人习称《方言》)、《法言》《太玄》等。

[60] 文中子:即王通(584—617)。隋朝哲学家。字仲淹,门人私谥"文中子",绛州龙门(今山西河津)人。曾上太平策,不见用,退居河、汾之间授徒,有弟子多人,时称"河汾门下"。主张儒、佛、道三教合一,其基本立足点则为儒学。著有《中说》,亦称《文中子》。

[61] 老庄:即老子、庄子。老子,春秋时思想家,道家的创始人。关于老子,其说不一,一说即老聃,姓李名耳,字伯

阳,楚国苦县(今河南鹿邑)人。曾任周朝管理藏书的史官。著有《老子》。庄子(约前369—前286),战国时哲学家。名周,宋国蒙(今河南省商丘市东北)人。曾任蒙地漆园吏。著有《庄子》。

[62] 世系:家族世代相承的系统。此指朝代更替的系统。

自羲农[1],至黄帝[2],号三皇,居上世。
唐有虞[3],号二帝,相揖逊[4],称盛世。
夏有禹[5],商有汤[6],周文武[7],称三王。
夏传子,家天下,四百载,迁夏社[8]。
汤伐夏,国号商,六百载,至纣亡[9]。
周武王,始诛纣,八百年,最长久。
周辙东[10],王纲坠[11],逞干戈,尚游说[12]。
始春秋[13],终战国[14],五霸强[15],七雄出[16]。
嬴秦氏[17],始兼并,传二世,楚汉争[18]。
高祖兴[19],汉业建[20],至孝平[21],王莽篡[22]。
光武兴[23],为东汉[24],四百年,终于献[25]。
魏蜀吴[26],争汉鼎,号三国,迄两晋[27]。
宋齐继[28],梁陈承[29],为南朝[30],都金陵[31]。
北元魏[32],分东西,宇文周[33],与高齐[34]。
迨至隋[35],一土宇[36],不再传,失统绪[37]。
唐高祖[38],起义师[39],除隋乱,创国基。二十传[40],三百载,梁灭之[41],国乃改。
梁唐晋[42],及汉周[43],称五代[44],皆有由。
炎宋兴[45],受周禅[46],十八传,南北混[47]。
辽与金[48],皆称帝,元灭金[49],绝宋世;莅中国[50],兼戎狄[51],

九十载,国祚废[52]。

太祖兴[53],国大明[54],号洪武[55],都金陵,迨成祖[56],迁燕京[57],十七世,至崇祯[58]。权奄肆[59],寇如林[60],李闯出[61],神器焚[62]。

清世祖[63],膺景命[64],传十帝,民国兴[65]。

廿四史[66],全在兹[67],载治乱,知兴衰。

读史者,考实录,通古今,若亲目。

口而诵,心而惟[68],朝于斯,夕于斯。

注释

[1] 羲农:即伏羲、神农。伏羲,古代传说中的三皇之一。风姓。相传他画八卦,教民渔猎,以充庖厨,因称庖牺。亦作"伏戏""伏牺"。神农,传说中的太古帝王。始教民为耒耜,务农业,故称神农氏。又传他曾尝百草,发现药材,教人治病。亦称炎帝,谓以火德王。

[2] 黄帝:古帝名。传说为中原各族的共同祖先。少典之子,姓公孙,居轩辕之丘,故号轩辕氏。又居姬水,因改姓姬。国于有熊,亦称有熊氏。以土德王,土黄色,故曰黄帝。传说有许多发明创造,如养蚕、舟车、文字、音律、算数等,都始于黄帝时期。

[3] 唐、虞:指唐尧和虞舜。

[4] 揖逊:揖让,谦让。

[5] 夏:朝代名,即夏后氏。是我国历史上第一个朝代。相传为禹所建立的奴隶制国家。建都安邑(今山西夏县北)。一说相传夏朝为禹之子启所建立。 禹:夏后氏部落领袖。史称夏禹、大禹、戎禹。姒姓,名文命,鲧之

子。古史相传,禹继父业,采用输导的办法治水,历十三年,三过家门而不入,水患平息。后被选为舜的继承人。舜死后即位,建立夏朝。后世视为圣王。

[6] 商:朝代名。公元前16世纪商汤灭夏后建立的奴隶制国家。建都亳(今河南商丘县一带)。中经几次迁都,盘庚时迁至殷(今河南安阳小屯村),因而商亦称殷。传至纣,为周武王所灭。 汤:指成汤,亦称成唐、武汤。商代开国之君。契的后代,子姓,名履,又称天一。夏桀无道,汤伐之,遂有天下,国号商。

[7] 周:朝代名。姬姓。公元前11世纪周武王灭商后建立,都城镐京(今陕西西安市),史称西周。公元前771年,大戎攻破镐京,杀周幽王。次年,周平王东迁洛邑(今河南洛阳市),史称东周。公元前256年为秦所灭。文武:指周文王、周武王。周文王,周武王之父。商末周族领袖。姬姓,名昌,商纣时为西伯,亦称伯昌。统治期间,国势强盛。后建立丰邑(今陕西省西安市西南沣水西岸)为国都。在位五十年,为武王灭商打下基础。周武王,西周王朝的建立者。姬姓,名发。继承其父遗志,联合庸、蜀、羌、鬃、微、卢、彭、濮等族,率军东攻,与纣战于牧野(含河南汲县北),灭殷,建立周王朝,分封诸侯,建都镐京(今陕西西安市)。

[8] 迁:变更。 社:社稷。旧为国家的代称。

[9] 纣:即纣王。商代最后的君主。帝乙之子,名受,号帝辛。史称纣王。曾平定东夷,使中原文化逐渐传播到淮河、长江流域。暴敛重刑,百姓怨望。周武王东攻,战于牧野,纣王兵败自焚。

[10] 辙:车轮压出的痕迹。此指周平王东迁洛阳。

[11] 王纲:天子的纲纪。即国家的政治制度。

[12] 尚:重视,重用。 游说(shuì):指战国时代策士们周游列国、劝说君主采纳其政治主张的一种活动。

[13] 春秋:时代名。因鲁国编年史《春秋》得名。一般认为,从周平王元年(公元前 770 年)到周敬王四十四年(公元前 476 年)为春秋时期。

[14] 战国:时代名。一般认为,从周元王元年(公元前 475 年)到秦始皇二十六年(公之前 221 年)为战国时期。

[15] 五霸:一作"五伯"。春秋时先后称霸的五个诸侯,即齐桓公、晋文公、楚庄王、吴王阖闾、越王勾践。一说五霸指齐桓公、宋襄公、晋文公、秦穆公、楚庄王。

[16] 七雄:指战国时秦、楚、燕、齐、韩、赵、魏七个强国。

[17] 嬴秦氏:即秦始皇嬴政(前 259—前 210)。战国时秦国国君,秦王朝的建立者。公元前 246—前 210 年在位。其间,建立了中国历史上第一个统一的多民族的中央集权的封建国家。称皇帝,自为秦始皇。废封建,置三十六郡,统一度量衡、货币、文字,修筑万里长城,对巩固统一和发展经济、文化发挥了重要作用。但他统治残暴,焚书坑儒,赋役繁重,刑罚严酷。

[18] 楚汉:指秦汉之际项羽、刘邦分据称王的两个政权。

[19] 高祖:即汉高祖刘邦(前 256—前 195,一作前 247—前 195),字季,沛县(今属江苏省)人。西汉王朝的建立者。公元前 202—前 195 年在位。统治期间,继承秦制,实行中央集权;以秦律为为根据,制定《汉律》九章。

[20] 汉:朝代名。此指前汉。从公元前 202 年刘邦称帝起,

到公元8年王莽代汉止,共历十二帝,统治二百一十年。因国都长安(今西安市)在东汉国都洛阳的西面,一般称西汉。

[21] 孝平:指汉平帝刘衎。汉哀帝驾崩,刘衎九岁即帝位。太皇太后王氏临朝,王莽秉政。在位五年被王莽毒死。谥"平"。因汉朝从第二代皇帝汉惠帝起,强调以"孝"治天下,故汉代皇帝常在谥号前加"孝"字。

[22] 王莽(前45—23):新朝的建立者。公元8—23年在位。字巨君,汉元帝皇后侄。西汉末,以外戚掌权,成帝时,封新都候。公元5年毒死平帝,公元8年自立为皇帝,改国号为"新"。称帝后,改制失败,公元23年被杀,新莽政权崩溃。

[23] 光武:即汉光武帝刘秀(前6—57)。东汉王朝的建立者。字文叔,南阳蔡阳(今湖北枣阳西南)人。王莽末年,农民大起义爆发,刘秀加入绿林起义军。公元23年到河北联合地主武装,扩充实力。公元25年称帝后,镇压赤眉起义,削平地方割据势力,统一全国。在位三十三年,出现了"光武中兴"的局面。

[24] 东汉:又称后汉。从公元25年刘秀重建汉朝,到公元220年曹丕称帝代汉止,共历十二帝,统治一百九十六年。因国都洛阳在西汉国都长安(今西安市)东面,一般称东汉。

[25] 献:指汉献帝刘协(181—234)。东汉皇帝。公元190—220年在位。即位时东汉政权已名存实亡,成为军阀董卓的傀儡,后又成为曹操的傀儡。公元220年曹操之子曹丕代汉称帝,他被废为山阳公。

[26] 魏、蜀、吴:东汉之后中国历史上出现的三个鼎立的国家。从公元220年曹丕称帝起,到公元280年吴亡止,共历六十一年。

[27] 迄:至,到,接着。 两晋:西晋和东晋的合称。亦称晋朝。公元265—316年为西晋,都城洛阳;公元317—420年为东晋,都城建康(今南京市)。

[28] 宋:朝代名。南朝之一。公元420年刘裕灭晋称帝,国号宋,建都建康(今南京市),史称刘宋。公元479年为南齐所灭。 齐:朝代名。南朝之一。公元479年萧道成灭宋称帝,国号齐,建都建康(今南京市),史称南齐。公元502年为梁所灭。

[29] 梁:朝代名。南朝之一。公元502年萧衍灭齐自立为帝,国号梁,建都建康(今南京市)。公元557年为陈所灭。 陈:朝代名。南朝之一。公元557年陈霸先代梁称帝,国号陈,建都建康(今南京市)。公元589年为隋所灭。

[30] 南朝:我国南北朝时期,据有江南地区的宋、齐、梁、陈四朝的总称。

[31] 金陵:古邑名。战国楚威王七年(公元前333年)灭越后在今南京市清凉山置金陵邑。后人因作南京市的别称。

[32] 元魏:即北朝时期的北魏。鲜卑族拓跋部首领拓跋珪于公元386年建立,都城平城(今山西省大同市)。后因孝文帝迁都洛阳改本姓"拓跋"为"元",所以历史上也叫元魏。

[33] 宇文周:即北朝时期的周朝,也称北周。因皇室姓宇

文,历史上也叫宇文周。公元557年,宇文觉废西魏恭帝,自立为帝,国号周,建都长安(今西安市),史称北周。公元557年灭北齐,统一中国北方。公元581年为隋所灭。

[34] 高齐:即北朝时期的齐朝,也称北齐。因皇帝姓高,历史上也叫高齐。公元550年,高洋废东魏孝静帝,自立为帝,国号齐,建都邺(今河北临漳西南),史称北齐。公元557年为北周所灭。

[35] 迨:到。 隋:即隋朝。公元581年,杨坚(即隋文帝)代北周称帝,国号隋,定都大兴(今西安市)。公元589年灭陈,重新统一中国。公元618年,隋炀帝(杨广)在江都(今扬州市)被杀,隋亡。共历二帝,统治三十八年。

[36] 一:统一。 土宇:国士,疆土。即天下。

[37] 统绪:皇室世系。此指帝王政权。

[38] 唐高祖:即李渊(566—635)。唐王朝的建立者。祖籍陇西纪城(今甘肃秦安)。贵族出身,隋末任太原留守。隋末各地农民起义,他起兵反隋,攻下长安(今西安市)。次年自称帝,建立唐朝。在位九年,传位次子世民,以太上皇不问政。

[39] 起义师:此指李渊起兵反隋。

[40] 二十传:指唐朝传了二十代。

[41] 梁:此指后梁。五代之一。公元907年,朱温建立梁朝,建都汴(今河南开封),史称后梁。公元923年为后唐所灭。

[42] 梁:即五代时期的后梁。 唐:此指后唐。五代之一。

公元923年,沙陀部人李存勖灭后梁称帝,国号唐,建都洛阳,史称后唐。公元936年为后晋所灭。 晋:此指后晋。五代之一。公元936年,后唐将领沙陀部人石敬瑭,勾结契丹贵族灭后唐自立为帝,国号晋,建都汴(今河南开封市),史称后晋。公元946年为契丹所灭。

[43] 汉:此指后汉。五代之一。公元946年,契丹灭后晋;公元947年,后晋将领刘知远在太原称帝,建都汴(今河南开封市),国号汉,史称后汉。公元950年为后周所灭。 周:此指后周。五代之一。公元951年,后汉将领郭威灭后汉称帝,建都汴(今河南开封市),国号周,史称后周。公元960年,赵匡胤灭后周,建立宋朝。

[44] 五代:公元907年,朱温灭唐称帝,建立后梁;此后五十多年间,北方相继出现后梁、后唐、后晋、后汉、后周五个朝代,史称五代。

[45] 炎宋:炎,五行家谓汉以火德王,火曰炎上,故以"炎"指汉朝。炎亦泛指以火德王的朝代。赵宋自称以火德王,故称炎宋。炎宋,即指宋朝。公元960年,赵匡胤(宋太祖)代后周称帝,国号宋,定都东京(今河南省开封市),史称北宋。公元1127年,金兵攻入东京,北宋亡。同年,赵构(宋高宗)在应天(今河南商丘)称帝,后建都临安(今浙江省杭州),史称南宋,公元1279年为元所灭。两宋共历三百二十年。

[46] 周:此指五代时期的后周。 禅:以帝位让人,让位。

[47] 混:合并,统一。

[48] 辽:朝代名。公元916年,契丹族领袖耶律阿保机创

建,国号契丹,定都上京(今内蒙古巴林左旗),公元947年改称辽(以后国号有变更),与五代、北宋并立。公元1125年为金所灭。 金:朝代名。公元1115年,女真族完颜部领袖阿骨打创建,建都会宁(今黑龙江阿城南)。公元1125年灭辽,次年迁都中都(今北京)、开封。与南宋对峙,是统治中国北方的一个王朝。公元1234年灭亡。

[49] 元:我国蒙古族建立的统一的封建王朝(1271—1368)。公元1206年,蒙古族首领成吉思汗建立蒙古汗国;公元1260年,忽必烈继承汗位,定都大都(今北京);公元1271年,定国号元;公元1273年,灭南宋,统一全国;公元1368年灭亡。

[50] 莅(lì):治理,统治。

[51] 兼:兼并。 戎狄:亦作"戎翟(dí)"。古民族名。西方曰戎,北方曰狄。后泛指西北边疆少数民族。

[52] 国祚(zuò):国运。

[53] 太祖:指明太祖朱元璋(1328—1398),字国瑞,濠州钟离(今安徽凤阳)人。幼贫苦,曾入皇觉寺为僧。公元1352年参加红巾军。公元1367年击破张士诚,遣兵北伐。翌年即帝位,建立明王朝,建都南京,国号大明,同年改克大都(今北京),推翻元朝统治,逐步统一全国。即位后,实行一系统改革措施,巩固了中央集权。

[54] 大明:即明朝(1368—1644),公元1368年,朱元璋(明太祖)灭元称帝,建都南京,国号明。公元1421年,明成祖(朱棣)迁都北京。公元1644年,李自成率农民起义军攻进北京,推翻明朝。

[55] 洪武：明太祖（朱元璋）年号。公元 1368—1398 年。

[56] 成祖：即明成祖朱棣（1360—1424）。朱元璋第四子。初封燕王，镇守北平（今北京）。元璋死，起兵自称"靖难"，四年攻破京师（今南京），夺取帝位，公元 1421 年迁都北京。在位期间，巩固中央集权，派郑和出使南洋，组织编纂《永乐大典》。

[57] 燕京：北京市的别称。因市区在春秋、战国时是燕国的国都而得名。

[58] 崇祯：即明思宗朱由检（1611—1644）。年号崇祯，又称崇祯帝。公元 1627—1644 年在位。统治期间，为挽救明朝危亡，杀魏忠贤，镇压农民起义。公元 1644 年，李自成农民起义军攻克北京，他在煤山（今景山）自缢，明朝灭亡。南明谥"思宗"，后改"毅宗"。

[59] 奄：通"阉"。宦官。　肆：放肆，横行。此指明末宦官魏忠贤等结党营私、专断国政。

[60] 寇：对农民起义的蔑称。

[61] 李闯：指李自成（1606—1645）。明末农民起义领袖。本名鸿基，陕西米脂人。勇猛有识略。崇祯二年（公元 1629 年）起义，投闯王高迎祥，高就义，继称闯王，转战多地。崇祯十七年（公元 1644 年）率起义军攻克北京，推翻明朝。其后，清军入关，起义军战败退出北京，永昌二年（公元 1645 年）在湖北被杀。

[62] 神器：指玉玺、宝鼎之类代表国家政权的实物。此借指帝位、政权。　焚：通"偾"。灭亡。

[63] 清世祖：即爱新觉罗·福临（1638—1661）。清皇太极（太宗）第九子。清代皇帝。六岁即位，年号顺治。由

叔父多尔衮辅政。顺治元年(公元1643年)入关,镇压李自成农民军,定都北京。多尔衮死,开始亲政,先后灭南明福王、唐王、鲁王、桂王等政权。二十四岁病死。

[64] 景运:好时运。此指承受帝王之位。

[65] 民国:"中华民国"的简称。公元1912—1949年中国国家的名称。公元1912年1月1日由孙中山正式宣告成立。此后经过短期的南京临时政府、十六年的北洋军阀和二十二年的国民党蒋介石集团的统治。这一时期的中国社会是半封建、半殖民地性质。

[66] 廿(niàn):亦作"卄"。二十。 廿四史:即二十四史。包括《史记》《汉书》《后汉书》《三国志》《晋书》《宋书》《南齐书》《梁书》《陈书》《魏书》《北齐书》《周书》《隋书》《南史》《北史》《旧唐书》《新唐书》《旧五代史》《新五代史》《宋史》《辽史》《金史》《元史》《明史》。

[67] 兹:此,这里。

[68] 惟:想,思考。

昔仲尼[1],师项橐[2],古圣贤,尚勤学。
赵中令[3],读《鲁论》[4],彼既仕,学且勤。
披蒲编[5],削竹简[6],彼无书,且知勉。
头悬梁[7],锥刺股[8],彼不教,自勤苦。
如囊萤[9],如映雪[10],家虽贫,学不辍。
如负薪[11],如挂角[12],身虽劳,犹苦卓[13]。
苏老泉[14],二十七,始发愤,读书籍。彼既老,犹悔迟;尔小生,宜早思。
若梁灏[15],八十二,对大廷[16],魁多士[17]。彼既成,众称异;

尔小生,宜立志。

莹八岁[18],能咏诗;泌七岁[19],能赋棋。彼颖悟,人称奇;尔幼学,当效之。

蔡文姬[20],能辨琴;谢道韫[21],能咏吟。彼女子,且聪敏;尔男子,当自警。

唐刘晏[22],方七岁,举神童,作正字[23]。彼虽幼,身已仕;尔幼学,勉而致。有为者,亦若是。

犬守夜,鸡司晨,苟不学,曷为人[24]?

蚕吐丝,蜂酿蜜。人不学,不如物。

幼而学,壮而行,上致君,下泽民。

扬名声,显父母,光于前[25],裕于后[26]。

人遗子,金满籝[27]。我教子,惟一经。

勤有功,戏无益,戒之哉,宜勉力。

注释

[1] 仲尼:即孔子,名丘,字仲尼。

[2] 师:从师,以之为师。 项橐:春秋时人。传说七岁时孔子就虚心向他学乐曲。

[3] 赵中令:即赵普(922—992),名则平,祖籍幽州蓟(今天津蓟州)人,后迁洛阳。北宋著名大臣。因曾做过中书令,故称赵中令。太祖、太宗在位时,曾三度为宰相。淳化三年(公元992年)因病辞职,封魏国公。少时为吏,读书不多,有"半部《论语》治天下"的传说。

[4] 《鲁论》:即《论语》。汉代《论语》有《齐论》《鲁论》和《古论》三种。《鲁论》二十篇,系鲁人所传,是今本《论语》的来源之一。

[5] 披蒲编:汉代路温舒,父亲让他放羊时,他割蒲草编成席抄书苦读。

[6] 削竹简:汉代公孙弘,家贫无钱读书,给人在竹林放猪时,将竹子削去青皮,抄写《春秋》来读。

[7] 头悬梁:东汉孙敬,为了防止深夜读书困倦,常用绳子扎住头发吊在房梁上。

[8] 锥刺股:战国时的苏秦,深夜读书困乏了,就用锥子刺自己的大腿以提神。

[9] 囊萤:晋朝车胤好学,夜读无灯,就捉了萤火虫装在纱袋中,借萤火虫发出的微光读书。

[10] 映雪:晋朝的孙康,夜读无灯,冬夜便走出家门,将书映在雪上苦读。

[11] 负薪:汉代的朱买臣,早年靠打柴为生,他背柴走在路上也在读书。

[12] 挂角:隋朝的李密,幼时替人放牛,他把书挂在牛犄角上,骑着牛背读书。

[13] 卓:超绝,卓著。

[14] 苏老泉:即苏洵(1009—1066),字明允,号老泉,眉山(今属四川)人。北宋散文家。曾任秘书省校书郎、霸州文安县主簿。与其子轼、辙合称"三苏",旧时俱被列为"唐宋八大家"。有《嘉祐集》。相传他早年不曾读书,二十七岁始发愤为学。

[15] 梁灏(963—1004):字太素,北宋郓州须城(今山东东平)人。太宗雍熙二年(公元985年)中进士第一。累官至翰林学士。景德元年(公元1004年)权知开封府,暴病而卒。他二十三岁登第,《遯斋闲览》误作八十二

及第,因此相传有梁灏八十二岁中状元之说。

[16] 对大廷:指参加朝廷的考试。

[17] 魁:首选,第一。

[18] 莹:指祖莹,字元珍,北朝北齐人。据说他八岁就能读《诗经》和《尚书》,亲属都称赞他是"圣小儿"。

[19] 泌:指李泌(722—789),字长源,唐代京兆(治今陕西西安)人。玄宗时为皇太子供奉官,历仕肃宗、代宗、德宗三朝,位至宰相,封邺候。相传七岁能为文,人呼"神童"。

[20] 蔡文姬:汉末女诗人。名琰,字文姬(一作昭姬),陈留圉(今河南杞县南)人。蔡邕之女。博学有才辩,通音律。汉末大乱之际,流落到匈奴十余年,创作了《胡笳十八拍》,忧怨哀伤。后为曹操以千金赎回。

[21] 谢道韫:东晋女诗人。陈郡阳夏(今河南太康)人。谢安侄女。聪慧有才辩,长于吟诗作对。因作诗以柳絮喻雪,世称"咏絮才"。

[22] 刘晏(715—780):字士安,曹州南华(今山东东明)人。唐朝理财家。曾任吏部尚书、同平章事、转运租庸盐铁使等职。相传七岁就被玄宗举为神童,授翰林院正字。

[23] 正字:官名。北齐始置,与校书郎同主校雠典籍,刊正文章。

[24] 曷:怎么。

[25] 光于前:给前辈增光。即光耀祖宗。

[26] 裕于后:给后代造福。

[27] 籯(yíng):用竹编成的箱笼。

幼仪杂箴[1]

[明] 方孝孺[2]

序

道之于事[3],无乎不在。古之人自少至长,于其所在,皆致谨焉而不敢忽[4],故行跪、揖拜、饮食、言动,有其则[5];喜怒、好恶、忧乐、取予,有其度[6]。或铭于盘盂[7],或书于绅笏[8],所以养其心志,约其形体者,至详密矣。其进于道也,岂不易哉?后世教无其法,学失其本,学者汩于名势之慕、利禄之诱[9],内无所养,外无所约,而人之成德者难矣。予病乎此也[10],盖久欲自其近而易行者,学焉而未能[11],因列所当勉之目为箴[12],揭于左右[13],以攻已阙[14]。由乎近而至乎远,盖始诸此,非谓足以尽乎自修之事也[15]。

坐

维坐容[16],背欲直,貌端庄,手拱臆[17]。仰为骄,俯为戚[18]。毋箕以踞[19],欹以侧[20]。坚静若山乃恒德[21]。

立

足之比也如植[22],手之恭也如翼[23]。其中也静[24],而外也直[25]。不为物迁[26],进退可式[27]。将有立乎圣贤之域[28]。

行

步履欲重,容止欲舒,周旋迟速[29],与仁义俱。行不畔乎仁义[30],是为恒途。

寝

形倦于昼[31],夜以息之。宁心定气,勿妄有思。偃勿如伏[32],仰勿如尸。安养厥德[33],万化之基[34]。

揖

张拱而前[35],肃以纾敬[36]。上手宜徐,视瞻必定[37]。勿游以傲,勿佻以轻[38]。远耻辱于人,动必以正[39]。

拜

古拜有九[40]，今存其一。数之多寡，尊卑以秩[41]。宜多而寡，倨以取祸[42]；宜寡而多，为谄为阿[43]。以礼制事，不爽其宜[44]。

食

珍腴之惭[45]，不若藜藿之甘[46]。万钟之尸居[47]，不若釜庾之有为[48]。苟无待于富贵，夫孰得而贫贱之[49]？噫！

饮

酒之为患，俾谨者荒[50]，俾庄者狂，俾贵者贱，而存者亡[51]。有家有国，尚慎其防[52]。

言

发乎口，为臧为否[53]；加乎人，为喜为嗔[54]；用乎世，为成为败；传乎书，为贤为愚。呜呼！其发也可不慎乎！

动

吾形也人,吾性也天[55]。不天之祇,而人之随,徇人而忘反,不弃其天,而沦于禽兽也几希[56]。

笑

中之喜笑勿启齿。见其异,勿侮以戏。内既病乎德[57],外为祸阶[58]。抵掌绝缨[59],匪优则俳[60]。

喜

得乎道而喜,其喜曷已[61]。得乎欲而喜,悲可立俟[62]。惟道之务[63],惟欲之去。颜孟之乐[64],反身之至[65]。

怒

世人于怒,伤暴与遽[66]。切齿攘袂[67],不审厥虑[68]。圣贤不然,以道为度,揆道酬物[69],己则无与。暴遽是惩,圣贤是师。颜之好学[70],自此而推。

忧

惰学与德[71]，汝日戚戚[72]。忧为有益，名位不光[73]。惟日忧伤，汝志则荒。弃其所当忧，而忧其不必忧。世之人皆然，汝孰忧哉？勉于自修。

好

物有可好，汝勿好之；德有可好，汝则效之。贱物而贵德，孰谓道远[74]，将允蹈之[75]。

恶

见人不善，莫不知恶[76]；己有不善，安之不顾。人之恶恶[77]，心与汝同；汝恶不改，人宁汝容[78]？恶己所可恶，德乃自新；己无不善，斯能恶人。

取

非吾义[79]，锱铢勿视[80]；义之得，千驷无愧[81]。物有多寡，义无不存；畏非义如毒螫[82]，养气之门[83]。

与

　　有以处己,有以处人[84];彼受为义[85],吾施为仁[86]。义之不图,陷人为利[87];私惠虽劳[88],非仁者事。当其可与,万金与之;义所不宜,毫发拒之。

诵

　　诵其言,思其义,存诸心,见乎事[89]。以敬畜德[90],以静养志。日化岁加,山立川驶[91]。圣道卓然[92],焉敢不至?

书

　　德有余者,其艺必精。艺本于德,无为而名[93]。惟艺之务,德则不至[94]。苟极其精,世之不贵。汝书不美[95],自视不善。德不若人,乃不知忧。先乎其大,后乎其细。大或可传,人不汝弃[96]。

注释

[1]《幼仪杂箴》:明代方孝孺撰写的劝诫青少年遵循的生活行为的规范和准则。内容涉及二十个方面,其中涉及对人应持的态度、说话应注意的后果、才与德的关系等,对当今青少年应有借鉴意义。但有些道德观念、行为准则、礼仪规范,也与今天的现实生活存在较大差

异,已不足效法。

[2] 方孝孺(1357—1402):明浙江宁海人,字希直,又字希古,因其书室名"正学",人称正学先生。惠帝时任侍讲学士。成祖兵入京师(今南京市)后,他不肯为成祖起草登极诏书,被杀。著有《逊志斋集》。

[3] 道:此指做人的道理。

[4] 忽:忽视,忽略。

[5] 则:准则。

[6] 度:尺度,限度。

[7] 盘盂:亦作"盘杅"。圆盘与方盂的并称。用于盛物。古代亦于其上刻文纪功或自励。

[8] 绅:古代士大夫束于腰间的大带,一头下垂,可以写字。笏(hù):古代臣子朝君时手中所执的手板,用以记事。

[9] 汨(gǔ):沉迷。

[10] 病:忧虑。

[11] "盖久欲"二句:大意是,长久以来,总想有一个能使自己接近并容易做到的做人的方法,学了但未能做到。

[12] 箴(zhēn):规谏,告诫。也是以规劝告诫为主的一种文体。

[13] 揭:揭示,公布。

[14] 攻:规劝,指责。 阙:同"缺"。缺点,过失。

[15] 足:完全。 尽:包括净尽。 自修:自身修养。

[16] 维:助词。用于句首或句中。无实义。 坐容:指坐的姿势。

[17] 拱:拱手。两手相合以示敬意。 臆:当胸之处。

[18] 戚(qī):忧愁,悲伤。

[19] 箕踞(jù):随意张开两腿坐着,形似簸箕。这是一种轻慢、不拘礼节的坐姿。

[20] 攲(qī):歪斜,倾斜。

[21] 坚静:坚定镇静。　恒德:恒久不变的德行。

[22] 比:并列。

[23] 恭:恭顺,恭敬。古人垂手而立,表示恭顺。

[24] 中:指内心。

[25] 外:指形体。

[26] 物迁:被别的事物引诱而改变。

[27] 可式:可以作为进退的法式。

[28] 圣贤之域:圣人和贤人的行列。

[29] 周旋:亦作"周还"。运转。

[30] 畔:通"叛"。违背,背离。

[31] 形:指身体。

[32] 偃:卧倒。

[33] 厥:其。

[34] 万化:各种变化。

[35] 张拱:张臂拱手以为礼。

[36] 纾(shū):舒缓。

[37] "上手"二句:大意是,双手上举应该缓慢,眼看对方必须注目定神。

[38] "勿游"二句:大意是,不要四下张望表现出傲气,不要轻薄放纵慢待他人。

[39] "远耻辱"二句:大意是,不做羞辱别人的事,举动必须庄重严肃。

[40] 九拜:古代祭祀时的九种礼拜形式。即,稽首、顿首、空

首、振动、吉拜、凶拜、奇拜、褒拜、肃拜。

[41] 秩：次序。

[42] 倨(jù)：傲慢不逊。

[43] 谄(chǎn)：奉承，献媚。 阿：曲从，迎合。

[44] 爽：差失，差错。

[45] 珍腴(yú)：珍，指珍奇的食物；腴，肥肉。珍腴，珍奇肥美的食物。

[46] 藜藿：藜、藿系两种野菜。泛指粗劣的饭菜。

[47] 万钟：指丰足的粮食。亦指优厚的俸禄。

[48] 釜庾：均为古量器名。此指数量不多的粮食。

[49] "苟无待"二句：大意是，如果不等待富贵到来就有所作为，谁又能使他贫贱呢？

[50] 俾(bǐ)：使。

[51] 存：指活着的人。 亡：指得病死亡。

[52] "有家有国"二句：大意是，持家治国的人，还是应该小心提防(酒的危害)。

[53] 臧否(zāng pǐ)：善恶，得失。

[54] 嗔(chēn)：怒。

[55] 性：人的本性。 天：此指先天赋予。

[56] 几希：稀少，甚少。

[57] 病乎德：指做了有损于德行的事。

[58] 祸阶：祸的根源。

[59] 抵(zhǐ)掌：击掌。 绝缨：扯断结冠的带。据汉人刘向《说苑·复思》载，楚庄王夜饮群臣，灯烛熄灭之时，有人乘机戏侮庄王之妾。其妾当时绝其冠缨，遂告诉庄王，要求点燃灯火，欲得绝缨之人。庄王不从，反令群

臣皆绝缨后上灯,尽欢而散。三年后,楚晋交战,有楚将奋死赴敌,终于战胜晋军。庄王问其人,始知乃两年前夜宴之绝缨者。后遂用绝缨为宽厚待人之典。

[60] 匪:同"非"。 优:戏谑,开玩笑。 俳(pái):诙谐,滑稽。

[61] 曷(hé):同"何"。怎么。 已:停止,完结。

[62] 俟(sì):等待。

[63] 务:努力,致力。

[64] 颜孟:指颜回、孟子。孟子(约前372—前289),名轲,字子舆,邹(今山东省邹城市东南)人。战国时期思想家、政治家、教育家。他的学说对后世儒者影响很大,被认为是孔子学说的继承者,有"亚圣"之称。著有《孟子》。

[65] 反身:回转身。即很快的意思。

[66] 遽(jù):此指急怒。

[67] 攘袂(mèi):捋起袖子。常形容奋起的样子。

[68] 审:详细,周密。

[69] 揆(kuí):度量,揣度。 酬:应付。 物:客观事物。

[70] 颜:指颜回。

[71] 惰:懈怠,懒惰。

[72] 戚戚:忧惧的样子。

[73] 名位:指声誉。

[74] 道:道路。

[75] 允:真诚,诚信。

[76] 莫不:无不,没一个不。 恶(wù):讨厌,憎恨。

[77] 恶恶(wù è):厌恶坏事,憎恨邪恶。

[78] 宁(nìng):岂,难道。

[79] 义:此指正当所得。

[80] 锱铢(zī zhū):都是重量单位。比喻数量微小。

[81] 千驷(sì):驷,古代四匹为一驷。千驷,四千匹马,言马多。喻数量极多。

[82] 毒螫(shì):毒虫等刺人或动物。

[83] 养气:涵养正气。

[84] 有以处己:此指自己得到别人的东西。 有以处人:此指别人得到自己的东西。

[85] 义:此指道义。

[86] 仁:此指仁德。

[87] "义之不图"二句:大意是,给予别人的如果不符合道义,就是以私利陷害别人。

[88] 私惠:以私利给予别人恩惠。 劳:功绩。

[89] 见乎事:此指体现在某些事物上或行动上。

[90] 畜(xù):养育。

[91] 山立川驶:驶,行驶,引申为流动。山立川驶,像高山一样耸立,像江河一样流淌。

[92] 卓然:特异的样子。

[93] "艺本于德"二句:大意是,才艺的根本在道德,不是没有根据的。

[94] "惟艺之务"二句:大意是,只在才艺上努力追求,道德修养就会弃置不顾。

[95] 书:写。指只有才艺的人写成的文章。

[96] 汝弃:弃汝。对人弃置不理。

小 儿 语[1]

[明] 吕得胜[2]

四 言

一切言动,都要安详,十差九错,只为慌张。
沉静立身,从容说话,不要轻薄,惹人笑话。
先学耐烦,快休使气[3],性躁心粗,一生不济。
能有几句,见人胡讲,洪钟无声,满瓶不响[4]。
自家过失,不消遮掩,遮掩不得,又添一短。
无心之失,说开罢手,一差半错,那个没有[5]?
宁好认错,休要说慌,教人识破[6],谁肯作养[7]?
要成好人,须寻好友,引酵若酸,哪得甜酒[8]。
与人讲话,看人面色,意不相投,不须强说。
当面证人,惹祸最大,是与不是,尽他说罢。
造言起事[9],谁不怕你,也要提防,王法天理。
我打人还,自打几下,我骂人还,换口自骂。
既做人生,便有生理[10],个个安闲[11],谁养活你?
世间生艺[12],要会一件,有时贫穷,救你患难。
饱食足衣,乱说闲耍[13],终日昏昏[14],不如牛马。
担头车尾[15],穷汉营生,日求升合[16],休与相争。
兄弟分家,含糊相让[17],子孙争家,厮打告状。

强取巧图,只嫌不彀,横来之物,要你承受。

六 言

小儿任性娇惯,大来负了亲心;费尽千辛万苦,分明养个仇人。

世间第一好事,莫如救难怜贫;人若不遭天祸,舍施能费几文[18]?

乞儿口干力尽[19],终日不得一钱;败子羹肉满桌[20],吃着只恨不甜[21]。

蜂蛾也害饥寒[22],蝼蚁都知疼痛;谁不怕死求活,休要杀人害命。

自家认了不是,人可不好说你;自家倒在地下,人再不好跌你。

气恼他家富贵,畅快人有灾殃;一些不由自己,可惜坏了心肠。

杂 言

老子终日浮水,儿子做了溺鬼;老子偷瓜盗果,儿子杀人放火。

休着君子下看,休教妇人鄙贱。

人生丧家亡身,言语占了八分。

任你心术奸险,哄瞒不过天眼。

使他不辨不难,要他心上无言[23]。

人言未必皆真,听言只听三分。

休与小人为仇,小人自有对头。

干事休伤天理,防备儿孙辱你。

你看人家妇女,眼里偏好;人家看你妇女,你心偏恼。

恶名儿难揭,好字儿难得。

大嚼多噎,大走多蹶[24]。

为人若肯学好,羞甚担柴卖草;为人若不学好,夸甚尚书阁老[25]。

慌忙倒不得济,安详走在头地[26]。

话多不如话少,语少不如语好。

小辱不肯放下,惹起大辱倒罢。

天来大功[27],禁不得一句自称[28];海那深罪[29],禁不得双膝下跪。

一争两丑,一让两有。

注释

[1] 《小儿语》:明代吕得胜编撰的教育子女修养品德的启蒙读物,分四言、六言、杂言三部分,文字平易,寓意深远,形式整齐而多变,曾在社会上广为流传。其中有些文句,也带有明显的封建糟粕,阅读时应加以注意。

[2] 吕得胜:明代著名学者吕坤之父。号近溪,河南宁陵(今河南省宁陵县)人。编撰有《小儿语》《女小儿语》。

[3] 快休:赶快停止。 使气:此指发脾气。

[4] "洪钟"二句:比喻有学识、有修养的人不轻易显露自己。

[5] 那(nǎ):疑问代词。今亦写作"哪"。

[6] 识破:指识破谎话。

[7] 作养:培养,养护。

[8] 引醅若酸,那得甜酒:用酒引发酸比喻不交好朋友就不

利于成材。

[9] 造言:制造谣言。

[10] 生理:生计。亦即工作。

[11] 安闲:安静清闲。此指不从事任何工作。

[12] 生艺:谋生的技艺。

[13] 闲耍:随意游玩。

[14] 昏昏:糊涂,愚昧。

[15] 担头车尾:指肩挑车推做买卖。

[16] 升合(gě):一升一合。比喻数量很小。

[17] 含糊相让:指表达相让的态度或意思不明确。

[18] 舍施:此指以财物周济贫穷之人。

[19] 乞儿:乞讨的小孩。

[20] 败子:败家之子。

[21] 恨不甜:嫌不好吃。

[22] 害:畏惧,怕。

[23] "使他"二句:意思是,以理可使人心服,心服了然后才能口服。

[24] 大走:快跑。 蹶(jué):跌倒。

[25] 尚书阁老:泛指高官显宦。

[26] "慌忙"二句:意思是,慌张匆忙不能成事,安详沉稳才能成功。

[27] 天来大功:即天大的功劳。

[28] 自称(chēng):自我称扬。

[29] 海那深罪:即莫大的罪过。

女小儿语[1]

[明] 吕得胜

四 言

少年妇女,最要勤谨,比人先起,比人后寝。
争着做活,让着吃饭,身懒口馋,惹人下贱[2]。
米面油盐,碗碟匙箸,一切家火[3],放在是处[4]。
件件要能,事事要会,人巧我拙,见他也愧。
口要常漱,手要常洗,避人之物,藏在背里[5]。
脚手头脸,女人四强[6],身子不顾,人笑爷娘[7]。
衣服整齐,茶饭洁净,污浊邋遢[8],猪狗之性。
一斗珍珠,不如升米,织金妆花,再难拆洗。
刺凤描鸾[9],要他何用?使的眼花,坐成劳病。
妇女妆束,清秀雅淡[10],只要贤德,不在打扮。
不良之妇,穿金戴银,不如贤女,荆钗布裙[11]。
剩饭残茶,都要爱惜,看那穷汉,糠土也吃。
一米一丝,贫人汗血,舍是阴骘[12],费是作孽。
安详沉重,休要轻狂,风魔滥相[13],娼妓婆娘。
笑休高声,说要低语,下气小心,才是妇女。
偷眼瞧人,偷声低唱,又惹是非,又不贵相。
古分内外[14],礼别男女,不避嫌疑,招人言语。

孝顺公婆,比如爷娘,随他宽窄,不要怨伤。
尊长叫人[15],接声就叫,若叫不应,自家先到。
长者当让,尊者当敬,任他难为,只休使性[16]。
事无大小,休自主张,公婆禀问[17],夫主商量[18]。
夫主是天,不可欺心,天若塌了,那里安身[19]?
有夫不觉,无夫才知,孤儿寡母,猪狗也欺。
也休要强,也休撒暴[20],惧内陵夫[21],世人两笑。
夫不成人[22],劝救须早,万语千言,要他学好。
相敬如宾[23],相戒如友[24]。娼狎儿戏[25],夫妇之丑。
久不生长[26],劝夫娶妾,妾若生子,他也不绝。
家中有妾,快休嚷闹,邻家听的,只把你笑。
越争越生[27],越嚷越恼,不如贤惠,都见你好。
夫若不平,妾若不顺,你做好人,自有公论。
大伯小叔,小姑妯娌,你不让他,那个让你?
骂尽他骂,说尽他说,我不还他,他也脸热。
百年相处,终日相见,千忍万忍,休失体面。
既是一家,休要两心,外合里差[28],坏了自身。
母家夫前,休学语言,讲不清白,落个不贤。
让得小人,才是君子,一般见识。有甚彼此?
休要搬舌,休要翻嘴,招对出来,又羞又悔。
休要张皇[29],休使腔调,鬼气妖风[30],真见世报[31]。
邪书休看,邪话休听,邪人休处,邪地休行。
宁好明求[32],休要暗起[33],一遍发觉,百遍是你。
也休心粗,也怕手慢,不痒不疼,忙时没干。
看养婴儿,切戒饱暖,些须过失[34],就要束管。
水火剪刀,高下跌磕,生冷果肉,小儿毒药。

邻里亲戚,都要和气,性情温热,财物周济。
也要仔细,也要宽大,作事刻薄,须防祸害。
只夸人长,休说人短,人向你说,只听休管。
手下之人,劳苦饥寒,知他念他,凡事从宽。
三婆二妇[35],休教入门,倡扬是非[36],惑乱人心。
妇人不明,鬼狐魇道[37],簸箸下神[38],送祟祷告[39]。
拨龟相面[40],迴避安胎,哄将钱去,惹出祸来。
房中说话,常要小心,旁人听去,惹笑生嗔[41]。
门户常关,箱柜常锁,日日紧要,防火防盗。
多积阴骘,少积钱财,儿孙若好,钱去还来。
安分知足,休生暴怨,天不周全,地有缺欠。
任从受气,留着本身,自家寻死,好了别人。
三从四德[42],妇人常守,犯了五出[43],不出也丑。
妇人好处,温柔方正,勤俭孝慈,老成庄重。
妇人歪处,轻浅风流,性凶心狠,又懒又丢[44]。
贤妻孝妇,万古传名,村婆俗女[45],枉活一生。

杂 言

买马不为鞍镫,娶妻却争赔送[46]。
妇人好吃好坐,男子忍饥受饿。
妇人口大舌长,男子家败身亡。
男子积攒,妇人偷转[47];男子没吃,妇人忍饥。
一言半语偏生恼,朝打暮骂也罢了。
打骂休得烦恼,受些气儿灾少。

谁好与我斗气,是我不可人意[48]。

妇人当家,男子羞杀。

宁好争衣夺食,休要争床夺席。

妇人动了邪情,横死还得骂名。

妇人声满四邻,不恶也是凶神。

美女出头,丈夫该愁。

孤儿寡妇,只要劲做。

絮聒老婆琐性子[49],一件事儿重个死[50]。

好听偷瞧,自家寻气,装哑推聋,倒得便益[51]。

仆隶没贤得的主儿[52],娘家没不是的女儿。

新来媳妇难得好,耐心调教休烦恼。

只怨自家有不是,休怨公婆难服事[53]。

公婆夫婿掌生死[54],心高气傲那里使?

家教宽中有严,家人一世安然。

人有廉耻好化[55],面色甚是打骂。

妇人败说夫婿[56],开口没你是处。

大妇爱小妻[57],贤名天下知;继母爱前男[58],贤名天下传。

注释

[1] 《女小儿语》:这是吕得胜继《小儿语》之后撰写的一部教育女孩子的蒙训读物。文中精华颇多,但由于时代的局限性,其内容也不乏三从四德、三纲五常和男尊女卑的思想,这是今天所应剔除的封建糟粕。

[2] 惹:招引,招致。

[3] 家火:此指碗碟匙箸之类。

[4] 是处:此指应该放的地方。

[5] 背里:指僻静之处。

[6] 女人四强:这句是说,脚、手、头、脸是女人最要强的地方。

[7] 爷娘:父母。

[8] 邋遢(lā tā):肮脏,不整洁。

[9] 刺凤描鸾:指刺绣。

[10] 清秀:美好不俗。

[11] 荆钗布裙:以荆枝当髻钗,用粗布制衣裙。妇女简陋寒素的服饰。

[12] 舍:舍弃。 阴骘(zhì):阴德。

[13] 风魔:风颠。 滥相:虚浮轻佻的品相。

[14] 内外:古代分工女主内、男主外。

[15] 叫人:指让(你)招呼别人。

[16] 休:不要。

[17] 公婆禀问:即向公公、婆婆请示。

[18] 夫主:丈夫。旧以丈夫为家主,故称。

[19] "夫主是天"四句:这一段宣扬的男尊女卑思想已为当今所不取。

[20] 撒暴:故意施展暴力的行为。

[21] 惧内:指丈夫怕老婆。 陵夫:指妻子欺侮丈夫。

[22] 成人:成器,成材。

[23] 相敬如宾:亦作"相待如宾"。相处如待宾客。形容夫妻互相尊敬。

[24] 相戒如友:像朋友一样互相鉴戒。形容夫妻之间以诚相待。

[25] 狎(xiá):轻慢,轻忽。

[26] 生长:生育。

[27] 生:生疏,隔阂。

[28] 外合里差:外表上显得很亲切,内心里却各有盘算。

[29] 张皇:强势的样子。

[30] 鬼气妖风:指恶人的气焰或行为。即恶人的所作所为。

[31] 见:同"现"。

[32] 明求:指借。

[33] 暗起:指偷。

[34] 些须:亦作"些需"。少许,一点儿。

[35] 三婆:指师婆(女巫)、媒婆、卖婆(即牙婆,贩卖货物的妇女)。 二妇:指娼妇、卖唱妇。

[36] 倡扬:张扬。

[37] 魇(yǎn)道:施巫术害人的法术。

[38] 簇箸下神:陈列餐具和食品,祈求神灵下界保佑的迷信活动。

[39] 送祟(suì):一种迷信活动,即送鬼。

[40] 拨龟:一种占卜术。

[41] 生嗔(chēn):生气。

[42] 三从四德:封建时代妇女必须遵守的三种道德规范与应有的四种德行。三从指未嫁从父,出嫁从夫,夫死从子;四德指妇德,妇言,妇容,妇功。

[43] 五出:古代社会丈夫遗弃妻子的七种条款,即不事公婆者,无子者,淫僻者,嫉妒者,恶疾者,多口舌者,窃盗者,称为七出。此言五出,因无子与恶疾非人为之过,故排除在外。

[44] 丢:此指丢脸。

[45] 俗女:见识浅陋的女子。

[46] 赔送:即陪嫁物品。

[47] 偷转:指暗中转移财物。

[48] 不可人意:不使人满意。

[49] 絮聒:絮叨。

[50] 重(chóng):重复。

[51] 便(biàn)益:方便,便利。

[52] 仆隶:奴仆。 主儿:主人。

[53] 服事:侍候,照料。

[54] 夫婿:丈夫。

[55] 化:教化,改变。

[56] 败说:说坏话。

[57] 小妻:妾,小老婆。

[58] 前男:前妻的儿子。对后母而言。

续小儿语

[明] 吕 坤[1]

四 言

心要慈悲,事要方便,残忍刻薄,惹人恨怨。
手下无能,从容调理,他若有才,不服事你。
遇事逢人,豁绰舒展[2],要看男儿,须先看胆。
休将实用,费在无功,蝙蝠翅儿[3],一般有风。
一不积财,二不结怨,睡也安然,走也方便。
要知亲恩,看你儿郎,要求子顺,先孝爷娘。
别人性情,与我一般,时时体悉[4],件件从宽。
都见面前,谁知脑后,笑着不觉,说着不受。
人夸偏喜,人劝偏恼,你短你长,你心自晓。
卑幼不才,瞒避尊长,外人笑骂,父母夸奖[5]。
仆隶纵横[6],谁向你说,恶名你受,暗利他得。
从小做人,休坏一点,覆水难收,悔恨已晚。
贪财之人,至死不止,不义得来,付与败子。
都要便宜,我得人不[7],亏人是祸,亏己是福。
怪人休深,望人休过[8],省你闲烦,免你暗祸。
正人君子,邪人不喜[9],你又恶他,他肯饶你?
好衣肥马,喜气扬扬,醉生梦死,谁家儿郎?

今日用度,前日积下,今日用尽,来日乞化[10]。
无可奈何,须得安命,怨叹躁急,又增一病。
仇无大小,只怕伤心,恩若救急,一芥千金[11]。
自家有过,人要说听,当局者迷,旁观者醒。
丈夫一生[12],廉耻为重,切莫求人,死生有命。
要甜先苦,要逸先劳,须屈得下,才跳得高。
白日所为,夜来省己,是恶当惊,是善当喜。
人誉我谦,又增一美,自夸自败,还增一毁。
害与利随,祸与福倚,只个平常,安稳到底。
怒多横语,喜多狂言,一时褊急,过后羞惭。
人生在世,守身实难,一味小心,方得百年。
慕贵耻贫,志趣落群[13],惊奇骇异,见识不济。
心不顾身[14],口不顾腹[15],人生实难,何苦纵欲。
才说聪明,便有障蔽[16],不着学识,到底不济。
威震四海,勇冠三军,只没本事,降伏自心。
矮人场笑[17],下士途说[18],学者识见,要从心得。
读圣贤书,字字体验,口耳之学[19],梦中吃饭。
男儿事业,经纶天下[20],识见要高,规模要大。
待人要丰[21],自奉要约[22],责己要厚,责人要薄。
一饭为恩[23],千金为仇,薄极成喜,爱重成愁。
鼷鼠杀象[24],蜈蚣杀龙,蚁穴破堤,蝼孔崩城。
意念深沉,言辞安定,艰大独当,声色不动。
相彼儿曹,乍悲乍喜,小事张皇,惊动邻里。
分卑气高[25],能薄欲大[26],中浅外浮,十人九败。
坐井观天,面墙定路[27],远大事业,休与共做。
冷眼观人,冷耳听话,冷情当感,冷心思理[28]。

67

理可理度[29],事有事体[30],只要留心,切莫任己。

注释

[1] 吕坤(1536—1618):吕得胜之子。明代著名思想家。字叔简,号心吾(一作新吾),宁陵(今河南省宁陵县)人。万历二年(公元1574年)进士,官至刑部侍郎。后因不满朝政,称疾乞休,家居二十年,以著述讲学为务。著有《呻吟语》等。《续小儿语》一文,乃承其父命而作。

[2] 豁绰:豁达宽厚。 舒展:指心胸磊落、坦然。

[3] 蝙蝠翅儿:古代的一种折扇。

[4] 体悉:体恤。设身处地为别人着想。

[5] 夸奖:赞美,称赞。

[6] 纵横:肆意横行,强横。

[7] 我得人不:我得到了便宜,别人就得不到。

[8] 望人:指望别人。

[9] 邪人:心术不正的人。

[10] 乞化:行乞,乞讨。

[11] 一芥千金:一芥,一粒芥子,形容极小。一芥千金,意指恩虽小而价无比。

[12] 丈夫:此指男子。

[13] 落群:与"超群"相对。低下,不高尚。

[14] 心不顾身:指欲多而不顾及身体。

[15] 口不顾腹:指多食伤腹。伤害肚子。

[16] 障蔽:遮蔽,遮盖。

[17] 矮人场笑:语本朱熹《朱子语类》,"如矮子看戏相似,见人道好,他也道好。"这里比喻己无所见而随声附和。

[18]　下士途说:才德差的人只会道听途说。

[19]　口耳之学:语本《荀子·劝学》,"小人之学也,入乎耳,出乎口。"谓只是耳听口说的学问。后用以指道听途说的肤浅之学。

[20]　经纶:整理丝缕、理出丝绪和编丝成绳,通称经纶。引申为策划治理国家大事。

[21]　丰:厚,宽厚。

[22]　自奉:自身日常生活的供养。这里指处己。　约:约束,检束。

[23]　一饭为恩:据《史记·淮阴侯列传》载,韩信少年时贫困乞食,一漂絮老妇看他饥饿给了他饭吃,后韩信显贵,不忘老妇之恩,以千金报答她。后以此喻受恩重报。

[24]　鼷(xī)鼠:鼠类中最小的一种。古人以为有毒,啮人畜至死不觉痛,故又称甘口鼠。这里以"鼷鼠杀象"告诫人们,不要轻视微人小事。

[25]　分卑:指人的才分低下。

[26]　能:指能力,才能。

[27]　面墙:面对着墙,一无所见。比喻不学而识见浅薄。

[28]　"冷眼观人"四句:这四句中的"冷"字,均为冷静客观的意思。

[29]　理度:道理限度。

[30]　事体:事理。事情的道理。

六 言

修寺将佛打点[1],烧钱买免神明[2],灾来鬼也难躲,行恶天自不容。

贫时怅望糟糠[3],富日骄嫌甘旨[4],天心难可人心[5],哪个知足饿死。

苦甜下咽不觉,是非出口难收,可怜八尺身命,死生一任舌头。

因循惰慢之人,偏会引说天命,一年不务农桑[6],一年忍饥受冻。

天公不要房住[7],神道不少衣穿[8],强似将佛塑画,不如救些贫难。

世人三不过意[9],王法、天理、人情,这个全然不顾,此身到处难容。

责人丝发皆非,辨己分毫都是,盗跖千古元凶[10],盗跖何曾觉自?

柳巷风流地狱[11],花奴胭粉刀山[12],丧了身家行止[13],落人眼下相看。

只管你家门户,休说别个女妻,第一伤天害理,好讲闺门是非。

人侮不要埋怨,人羞不要数说,人极不要跟寻[14],人愁不要喜悦。

大凡做一件事,就要当一件事,若是苟且粗疏,定不成一件事。

少年志肆心狂,长者言必偏恼,你到长者之时,一生悔恨不了。

改节莫云旧善,自新休问昔狂,贞妇白头失守[16],不如老妓从良[17]。

自家痛痒偏知,别个辛酸那觉,体人须要体悉[18],责人慎勿责苟。

快意从来没好,拂心不是命穷[19],安乐人人破败,忧勤个个亨通[20]。

儿好何须父业,儿若不肖空积,不知教子一经[21],只要黄金满室。

君子名利两得,小人名利两失,试看往古来今,惟有好人便益。

厚时说尽知心,提防薄后发泄,恼时说尽伤心,再好有甚颜色[22]?

事到延挨怕动[23],临时却恁慌忙[24],除却差错后悔,还落前件牵肠。

往日真知可惜,来日依旧因循,若肯当年一苦,无边受用从今。

东家不信阴阳,西家专敬风水,祸福彼此一般,费了钱财不悔。

德行立身之本,才识处世所先,孟浪痴呆自是[25],空生人代百年[26]。

谦卑何曾致祸,忍默没个招灾[27],厚积深藏远器[28],轻发小逞凡才[29]。

俭用亦能觳用,要足何时是足?可怜惹祸伤身,都是经营长物[30]。

未来难以预定,算觳到头不觳,每事常馀二分,哪有悔的时候?

火正灼时都来,火一灭时都去[31],炎凉自是通情,我个关心去住[32]。

何用终年讲学,善恶个个分明,稳坐高谈万里,不如蹞踤一程[33]。

万古此身难再,百年展眼光阴,纵不同流天地[34],也休浼了乾坤[35]。

世上第一伶俐,莫如忍让为高,进履结袜胯下[36],古今真正人豪[37]。

学者三般要紧：一要降伏私欲，二要调驯气质，三要跳脱习俗。百尺竿头进步，钻天巧智多才，饶你站得脚稳[38]，终然也要下来。

莫防外面刀枪，只怕随身兵刃，七尺盖世男儿，自杀只消三寸[39]。

注释

[1] 打点：这里指装点佛像，表示修德礼敬之意。

[2] 买免神明：是说烧化纸钱，乞求神明宽免罪过。

[3] 怅望：惆怅地看望或想望。　糟糠：酒滓、谷皮等粗劣食物，贫者以之充饥。

[4] 甘旨：美味的食品。

[5] 难可：很难使人满足。

[6] 农桑：农耕与蚕桑。

[7] 天公：天。以天拟人，故称。

[8] 神道：神祇，神灵。

[9] 三不过意：不看重下句所说的"王法、天理、人情"三个方面。

[10] 盗跖：相传为春秋末期民众起义的领袖。名跖，一作蹠。冠以"盗"字，是当时统治者对他的贬称。

[11] 柳巷：即"花街柳巷"。旧指妓院或妓院聚集之处。

[12] 花奴胭粉：这里指妓女。

[13] 行(xíng)止：品行。

[14] 人极不要跟寻：极，急。这句是说，人到急难之处不要穷逼不舍。

[15] 改节:改变节操。

[16] 失守:丧失节操。

[17] 从良:旧指妓女脱离乐籍而嫁人。

[18] 体悉:犹体恤。设身处地为人着想,给以同情、照顾。

[19] 拂心:违逆其心意。即不得志的意思。

[20] 忧勤:(为正事)忧心勤劳。 亨通:通达,顺畅。

[21] 一经:一种经书。指读书学习。《汉书·韦贤传》中有"遗子黄金满籯,不如一经"的话。

[22] "厚时说尽知心"四句:厚,交谊深厚;薄,相交淡薄;恼,恼怒;颜色,脸面。

[23] 延挨(ái):拖延。

[24] 恁(rèn):如此,这样。

[25] 孟浪:鲁莽,冒昧。

[26] 空:白白地。 人代:人世。

[27] 忍默:克制静默。

[28] 厚积深藏:指学识渊博富厚而又深藏不露。 远器:有才识、能担当大事的人。

[29] 轻发小逞:学识浅薄而又急于显示。 凡才:平庸的人。

[30] 长(zhàng)物:多余的东西。

[31] "火正灼时"二句:是说富贵的时候人们都来结交,而失势的时候连亲友也都躲避了。

[32] 去住:犹去留。

[33] 踸踔(chěn chuō):跛者行路貌。引申为从点滴做起。

[34] 同流:此指流芳。

[35] 浼(wò):玷污,弄脏。

[36] 进履:述西汉张良事。据《史记·留侯世家》载,秦末一老父,在下邳桥上故意将鞋子掉桥下,命张良为他取鞋、穿鞋,张良见他年老,忍怒为他取鞋,跪着为他穿上。老父又经再三考验,将《太公兵法》传授给张良,使张良后来成为刘邦的军师。　结袜:述西汉张释之事。据《史记·张释之冯唐列传》载,张释之为西汉朝廷重臣。一次,隐士王生当庭要释之为他结好袜带。释之不以为辱,跪而结之,因而名望益重。　胯下:述西汉韩信事。据《史记·淮阴侯列传》载,韩信未成名时,在淮阴为人所辱,要他从一恶少胯下爬过去。韩信忍辱负重,匍匐在地,从其胯下穿过。后投刘邦,拜为大元帅,立功封王。

[37] 人豪:人中豪杰。

[38] 饶:任凭,尽管。

[39] 只消:只需,只要。　三寸:指舌。即多言遭祸。

杂　言

创业就创干净,休替子孙留病。

童生进学喜不了,尚书不升终日恼[1]。

若要德业成[2],先学受穷困;若要无烦恼,惟有知足好;若要度量长,先学受冤枉;若要度量宽,先学受懊烦[3]。

十日无菽粟身亡[4],十年无金珠何伤?

事只五分无悔,味只五分偏美。

老来疾痛,都是壮时落的;衰后冤孽[5],都是盛时作的。

见人忍默偏欺,忍默不是痴的。

鸟兽无杂病,穷汉没奇症[6]。

闻恶不可就恶,恐替别人泄怒。

休说前人长短,自家背后有眼。

湿时捆就,断了约儿不散[7];小时教成,殁了父兄不变[8]。

说好话,存好心,行好事,近好人[9]。

算计二著现在,才得头著不败[10]。

君子口里没乱道,不是人伦是世教;君子脚跟没乱行,不是规矩是准绳;君子胸中所常体[11],不是人情是天理。

好面上炙个疤儿[12],一生带破[13];白衣上点些墨儿,一生带涴。

恩怕先益后损,威怕先松后紧。

饥勿使耐,饱勿使再,热勿使汗,冷勿使颤。

未饥先饭,未迫先便。

久立先养足,久夜先养目。

清心寡欲,不服四物;省事休嗔,不服四君;酒少饭淡,二陈没干;慎寒谨风,续命无功[14]。

线流冲倒泰山[15],休为恶事开端。

才多累了己身,地多好了别人。

白首贪得不了[16], 身能用多少?

趁心要休欢喜,灾殃就在这里。

未须立法,先看结煞[17]。

休与众人结仇,休作公论对头。

做第一等人,干第一等事,说第一等话,抱第一等识[18]。

欺世瞒人都易,惟有此心难昧[19]。

暗室虽是无人,自身怎见自身[20]?

兰芳不厌谷幽[21],君子不为名修[22]。

触龙耽怕,骑虎难下。

焚结碎环,这个不难;解环破结,毕竟有说。[23]

无忽久安[24],无惮初难[25]。

处世怕有进气,为人怕有退气。

乘时如矢,待时如死。

毋贱贱,毋老老;毋贫贫,毋小小[26]。

欲心要淡,道心要艳。

上看千仞,不如下看一寸;前看百里,不如后看一屣[27]。

将溢未溢,莫添一滴;将折未折,莫添一搦[28]。

无束燥薪,无激愤人。

辩者不停[29],讷者若聋[30];辩者面赤,讷者屏息;辩者才住,讷者一句;辩者自惭,讷者自谦。

积威不论从违,积爱不论是非[31]。

一子之母余衣,三子之母忍饥[32]。

世情休说透了,世事休说够了。

盼望也不来,空劳盼望怀;愁惧也须去,多了一愁惧。

贪吃那一杯,把百杯都呕了;舍不得一金,把千金都丢了。

怪人休怪老了,爱人休爱恼了[33]。

侵晨好饭[34],算不得午后饱;平日恩多,抵不得临时少。

祸到休愁,也要会救;福来休喜,也要会受。

不怕骤,只怕辏[35];不怕一,只怕积。

声休要太高,只是人听的便了;事休要做尽,只是人当的便好。

要是亏的是乖,占便宜的是呆。

雨后伞,不须支;怨后恩,不须施。

人欺不是辱,人怕不是福。

刚欲杀身不顾[36],柔欲杀身不悟[37]。

当迟就要宁耐[38],当速就要慷慨。

回顾莫辞频,前人怕后人。

歇事难奋,玩民难振。

穷易过,富难享,宁受疼,莫受痒。

一向单衫耐得冻,乍脱绵袄冻成病。

无医枯骨[39],无浇朽木。

注释

[1] 尚书:本指尚书省官名。此指进学读书而功成名就。

[2] 德业:德行与功业。

[3] 懊烦:恼恨烦腻。

[4] 菽粟:豆和小麦。泛指粮食。

[5] 冤孽:亦作"冤业"。冤仇。

[6] 奇症:此指杂欲、邪念。

[7] 约(yào)儿:捆束物品的绳索。

[8] 殁(mò):死,去世。

[9] 近:接近,靠近。

[10] 著(zhāo):围棋下子谓著。亦称招数,比喻计策或手段。

[11] 常体:平素的表现。

[12] 面:脸。 炙:烧灼。

[13] 破:残缺。此指疤痕。

[14] "清心寡欲"八句:这八句中的"四物""四君""二陈""续命",均为中药方剂名。

[15] 线流:细而长的流水。指长年不断的细流。

[16] 白首:犹白头。表示老年。

[17] "未须立法"二句:结煞,结果。这两句意思是,制定规矩(约法)之前先要看能否做到。

[18] 抱:心里存有,持守。这里指具备,具有。 识:知识,见解。

[19] 昧(mèi):违背良心(做坏事)。

[20] "暗室虽是无人"二句:意思是,暗地里干一件不好的事,自己看自己也感到羞愧。

[21] 兰:即兰花。多年生常绿草本植物。叶细长而尖,根簇生,圆柱形。春初开花,呈淡黄绿色,亦有秋季开花者。品种甚多,常见的有建兰、墨兰、蕙兰等。花幽香清远,可供观赏。 幽:深。

[22] 君子:泛指才德出众的人。

[23] 有说:有讲究。指解决问题的方法和对策。

[24] 忽:忽略,不经心。

[25] 惮(dàn):畏惧。

[26] "毋贱贱"四句:毋,无,不要;贱贱,鄙视地位低下者;老老,侮视年老者;贫贫,漠视贫穷者;小小,轻视年幼者。

[27] 一屣(xǐ):屣,鞋子。一屣,犹言一步。

[28] 搦(nuò):按压。

[29] 辩者:善于言辞的人。

[30] 讷者:出言迟钝的人,口齿笨拙的人。

[31] "积威不论从违"二句:意思是,要树立威信,就要同等对待服从者和违抗者;要施行仁爱,就要同等对待拥护者和反对者。

[32] "一子之母余衣"二句:这就是平时人们所说的"一个和

尚有水吃,两个和尚抬水吃,三个和尚没水吃"。

[33] "怪人休怪老了"二句:老,指时间长久。这两句的意思是,责怪别人要适可而止,不要一而再、再而三,没完没了;爱护人也不要凡事叮咛,使人产生厌烦情绪。

[34] 侵晨:清晨,拂晓。

[35] 辏(còu):聚集,集中。

[36] 刚欲:指气。

[37] 柔欲:指酒、色、财。

[38] 宁耐:亦作"宁奈"。忍耐。

[39] 枯骨:枯瘦将死的身躯。

训 蒙 歌

[明] 庞尚鹏[1]

幼儿曹[2],听教诲。勤读书,要孝悌[3]。
学谦恭,循礼义[4]。节饮食[5],戒游戏。
毋诳言,毋贪利,毋任情,毋斗气,
毋责人,但自治。能下人[6],是有志。
能容人,是大器[7]。凡做人,在心地。
心地好,是良士;心地恶,是凶类。
譬果树,心是蒂[8],蒂若坏,果必坠。
吾教汝,全在是[9];汝谛听,勿轻弃[10]。

注释

[1] 庞尚鹏:字少男,明南海(今广东)人。嘉靖进士。初官乐平县令,后擢官御史,按事各省。所至即打击豪强恶人,为民所敬。后升职为右佥都御史,负责边疆盐政,颇有建树。后被劾斥为民。万历初重新启用,为福建巡抚,不久因触犯张居正而归。卒谥"惠敏"。有《百可亭摘稿》等。

[2] 儿曹:儿辈。

[3] 孝悌:亦作"孝弟"。孝顺父母,敬爱兄长。

[4] 循:遵守,遵从,遵循。 礼义:礼法道义。

[5] 节:节制,管束。

[6] 下人:从人下之人做起。

[7] 大器:比喻有大才、能担当大事的人。

[8] 蒂(dì):花或瓜果与枝茎相连的部分。

[9] 是:这,这里。

[10] 轻弃:轻易地忘记。

幼学琼林[1]

[明] 程登吉[2]

卷 一

天 文

混沌初开[3]，乾坤始奠[4]。气之轻清上浮者为天[5]，气之重浊下凝者为地。日月五星[6]，谓之七政[7]，天地与人，谓之三才。甘霖、甘澍[8]，俱指时雨；玄穹、彼苍，悉称上天。雪花飞六出[9]，先兆丰年；日上已三竿，乃云时晏[10]。蜀犬吠日[11]，比人所见甚稀；吴牛喘月[12]，笑人畏惧过甚。望切者，若云霓之望[13]；恩深者，如雨露之恩。参商二星[14]，其出没不相见；牛女两宿[15]，惟七夕一相逢[16]。后羿妻[17]，奔月宫而为嫦娥；傅说死，其精神托于箕尾[18]。披星戴月，谓早夜之奔驰；沐雨栉风[19]，谓风尘之劳苦。事非有意，譬如云出无心；恩可遍施，乃曰阳春有脚[20]。馈物致敬，曰敢效献曝之忱[21]；托人转移[22]，曰全赖回天之力。感救死之恩，曰再造[23]；颂再生之德，曰二天[24]。势易尽者若冰山[25]，事相悬者如天壤。晨星谓贤人寥落，雷同谓言语相符。心多过虑，何异杞人忧天[26]；事不量力，不殊夸父追日[27]。如夏日之可畏[28]，是谓赵盾[29]；如冬日之可爱，是谓赵衰[30]。齐妇含冤，三年不雨[31]；邹衍下狱，六月飞霜[32]。父仇不共戴天，子道须当爱日[33]。盛世黎民，嬉游于光天化日之下；太平天子，上召夫景星庆云之祥[34]。夏时大禹在位,上天雨金[35];《春秋》《孝经》既成,赤虹化玉[36]。箕好风,毕好雨[37],比庶人愿欲不同;风从虎,云从龙,比君臣会合不偶[38]。雨旸时若[39],系是休徵[40];天地交泰[41],斯称盛世。

注释

[1] 《幼学琼林》:中国古代蒙学读本。明代程登吉著。共四卷。原名《幼学须知》,又有《成语考》《故事寻源》等名。博采自然、社会、历史、伦理等方面的知识典故,编为骈语,便于儿童诵读和记忆。我们标点、注释时,对原书中内容与现今生活距离过远以及前后重复的少量文字,作了适当删节。

[2] 程登吉:明代文士。字允升。西昌(今属四川省)人。

[3] 混沌:指天地未形成之前元气未分、模糊一团的状态。

[4] 乾(qián)坤:即天地。

[5] 气:指元气。

[6] 五星:也叫"五曜""五纬"。指金、木、水、火、土五大行星。

[7] 七政:古天文术语。说法不一。此指日、月和金、木、水、火、土五星。

[8] 甘霖:甘雨。三日以上的雨称"霖"。 甘澍(shù):甘雨,适时的好雨。

[9] 六出:花分瓣叫出,雪花六角,因以"六出"为雪的别名。

[10] 晏:迟,晚。

[11] 蜀犬吠日：蜀郡多雾，不常见日，每逢日出，狗皆疑而惊叫。后常以"蜀犬吠日"比喻人的见识太少。

[12] 吴牛喘月：吴地之牛畏热，见月疑日而气喘。后以此典讥诮人惧怕太过。

[13] 云霓（ní）：虹。雨则虹见，故大旱而思见之。此指下雨的征兆。

[14] 参（shēn）商：指参星和商星。参星在西，商星在东，此出彼没，永不相见。

[15] 牛女：指牵牛和织女两星。此二星隔银河相对。

宿：星宿。

[16] 七夕：农历七月初七之夜。民间传说，牛郎织女每年此夜在天河相会。

[17] 后羿：上古夷族的首领，善于射箭。相传他从西王母请来不死之药，其妻偷食，奔月宫而变为姮娥（亦称嫦娥）。

[18] 箕尾：二星宿名。传说商王武丁辅佐大臣傅说死后，其精神托于其间。

[19] 沐雨栉（zhì）风：雨洗头，风梳发。形容饱经风雨，劳苦奔波。

[20] "事非有意"四句：有意，先有的意思；有脚，能行走的意思。这四句的意思是，事体不是有意而成，仿佛云在山中升起，不是有心出来一般；恩泽可以广施，就像春天的阳气，处处都能走到。

[21] 献曝：《列子·杨朱》中说，宋国有个农夫，在冬日下晒太阳，他对妻子说："这多暖和啊，让我把它献给你吧！"后因以"献曝"为所献菲薄、浅陋但出于

至诚的谦词。 忱：诚心。

[22] 转移：此指周旋某事。

[23] 再造：重新给予生命。

[24] 二天：感恩之词。指恩人。

[25] "势易尽者"句：势力易于终止，仿佛冰山见了太阳就要消融一样。

[26] 杞人忧天：据《列子·天瑞》载，"杞国有人，忧天地崩坠，身亡所寄，废寝食者。"后用以比喻不必要的忧虑。

[27] 不殊：没有区别，一样。 夸父追日：神话人物夸父，不自量力，欲追逐太阳，赶到太阳入口处，焦渴难忍，喝干黄、渭两河之水，仍感不足，终于渴死。

[28] 夏日：夏天的太阳。下文"冬日"指冬天的太阳。

[29] 赵盾：即赵宣子。春秋时晋国正卿。

[30] 赵衰：即赵成子。赵盾之父。春秋时晋卿。曾助晋文公创建霸业。

[31] "齐妇含冤"二句：据《汉书》载，东海（齐地）有孝妇窦氏，事姑（婆母）甚谨，姑不忍累汝，乃自缢而死。姑女告窦氏杀其母，窦氏被诬下狱，服刑。窦氏死后，当地大旱三年不雨。

[32] 邹衍：战国时贤士。据《汉书》载，燕国昭王礼贤下士，邹衍自梁至燕，事奉昭王，很受器重。昭王死后，惠王听信谗言，将邹下狱，邹仰天大哭，时值六月，天突然飞霜。

[33] 道：道理。 爱日：珍惜父母在世的日子。

[34] 召：感召。 景星：又名德星、瑞星。古谓现于有道

之国。　庆云：五色云。古人以为喜庆、吉祥之气。

[35] "夏时大禹"二句：据《史记》载，夏朝时，大禹平治洪水，感动了上天，是时连降三天金子。

[36] "《春秋》"二句：据《搜神记》载，孔子修《春秋》《孝经》，既成，告于天。赤虹自天而下，化为三尺长的黄玉。

[37] 箕、毕：二星宿名。据传箕星主风，毕星主雨。月与箕会则风，与毕会则雨。

[38] 不偶：指君臣遇合不是偶然之事。

[39] 雨：下雨。　旸：日出。指天晴。　若：顺。

[40] 休：喜庆，美好。　徵：证验。

[41] 交泰：出自《易·泰》，"天地交，泰。"是说天地之气融通，则万物各遂其生，故谓之泰。后以"交泰"指天地之气和祥，万物通泰。

地　舆[1]

黄帝画野[2]，始分都邑[3]；夏禹治水，初奠山川。宇宙之江山不改，古今之称谓各殊。北京原属幽燕[4]，金台是其异号；南京原为建业[5]，金陵又是别名。浙江是武林之区[6]，原为越国；江西是豫章之地[7]，又曰吴皋。福建省属闽中[8]，湖广地名三楚[9]。东鲁西鲁，即山东山西之分；东粤西粤，乃广东广西之域。河南在华夏之中[10]，故曰中州；陕西即长安之地[11]，原为秦境[12]。四川为西蜀[13]，云南为古滇[14]。贵州省近蛮方[15]，自古名为黔地[16]。东岳泰山[17]，西岳华山，南岳衡山，北岳恒山，中岳嵩山，此为天下之五岳。饶州之鄱阳，岳州之青草，润州之丹阳，鄂州之洞庭，苏州之太湖，此为天下之五湖。金城汤池，谓城池之巩固；砺山带河[18]，乃封建之誓盟[19]。帝都曰京师，故乡曰梓里。蓬莱弱水[20]，惟飞仙可渡；方壶员峤[21]，乃仙子所居。沧海桑田，谓世事之多变；河清海晏[22]，兆天下之升平。望人包容，曰海涵；谢人恩泽，曰河润。无系累者，曰江湖散人；负豪气者，曰湖海之士。问舍求田，原无大志；掀天揭地，方是奇才。凭空起事，谓之平地风波；独立不移，谓之中流砥柱[23]。黑子弹丸，极言至小之邑；咽喉右臂，皆言要害之区[24]。独立难持，曰一木焉能支大厦；英雄自恃，曰丸泥亦可封函关[25]。事先败而后成，曰失之东隅[26]，收之桑榆[27]；事将成而终止，曰为山九仞，功亏一篑。以蠡测海[28]，喻人之见小；精卫衔石[29]，比人之徒劳。跋涉谓行路艰难，康庄谓道路平坦。硗地曰不毛之地[30]，美田曰膏腴之田。得物无所用，曰如获石田[31]；为学已大成，曰诞登道岸[32]。淄渑之滋味可辨[33]，泾渭之清浊当分[34]。泌水乐饥[35]，隐居不仕；东山高卧[36]，谢职求安[37]。圣人出则黄河清，太守廉则越石见[38]。美俗曰仁里[39]，恶俗曰互乡[40]。里名胜母，曾子不入；邑号朝歌，墨翟回车[41]。击壤而歌，尧帝黎民之自得；让畔而耕，文王百姓之相推[42]。尧有九年之水患，汤有七年之旱灾。商鞅不仁而阡陌开[43]，夏桀无道而伊洛竭[44]。道不拾遗，由在上有善政；海不扬波，知中国有圣人。

注释

[1] 地舆：地理学的旧名。

[2] 画野：画界分野。指划分疆域而治。

[3]　都：国都，京都。　邑：县邑。

[4]　幽燕：古地区名。今河北省北部及辽宁省一带。唐以前属幽州，战国时属燕国。

[5]　建业：古县名。东汉建安十七年（公元212年）孙权改秣陵县置。治所在今南京市。

[6]　武林：古山名。即今浙江省杭州市西灵隐、天竺诸山。春秋时属吴越地。

[7]　豫章：楚汉之际置郡。治所在南昌（今南昌市）。辖境相当于今江西省地。三国魏以后辖境渐小。

[8]　闽中：秦置郡。治所在冶县（今福州市）。辖境相当于今福建省和浙江省部分地区。

[9]　湖广：古置湖广行省。明代湖广专指两湖之地。　三楚：战国楚地，今从黄淮至湖南一带，有西楚、东楚、南楚之分。

[10]　华夏：中国的古称。

[11]　"陕西"句：是说陕西是长安的所在地。

[12]　秦：指秦国。为战国七雄之一。

[13]　西蜀：今四川省。古为蜀地，因在西方，故称"西蜀"。

[14]　古滇：滇为云南省的简称。因省境内原为战国时滇国地，故称古滇。

[15]　蛮：我国古代对南方少数民族的泛称。

[16]　黔：指黔阳。明永乐间设郡县。

[17]　岳：高大的山。

[18]　砺山带河：砺，磨刀石。砺山带河，泰山如砺石，黄河如衣带。比喻封爵与国共存，传之无穷。

[19] 封建：封邦建国。

[20] 蓬莱：即蓬莱山。海中之神山。相传为仙人所居之处。 弱水：古代神话传说中称险恶难渡的河海。

[21] 方壶、员峤：传说中渤海之东五座仙山中的两座。

[22] 河：指黄河。 晏：平静。

[23] 砥柱：指砥柱山。在河南省三门峡市，立在黄河急流之中，如柱石一般，故称。

[24] 区：地方。

[25] 函关：即函谷关，在今河南省。

[26] 东隅：亦作"东嵎"。日出之处。引申为始、初。

[27] 桑榆：日落时光照桑榆树端，因以指日暮。

[28] 蠡（lí）：用葫芦制成的瓢。一说指蚌的外壳。

[29] 精卫：古代传说中的神鸟。相传炎帝之女在东海被淹死，灵魂化为精卫，常衔西山之木石以填东海。

[30] 硗（qiāo）：指土质坚硬瘠薄。

[31] 石田：石多而不可耕之地。亦喻无用之物。

[32] 诞登：登上。 道岸：道德的岸畔。

[33] 淄渑：淄水和渑水的并称。均在今山东省。相传二水味各不同，混合难以辨别。而齐国的易牙则能辨别出来。

[34] 泾渭：指泾水和渭水。均在今陕西省。泾水清而渭水浊，二水相入而清浊异流。

[35] 泌（bì）水乐（liáo）饥：语出《诗·陈风·衡门》。泌水，本指泉水涓流不已，此指陈国泌邱之地泉水名；乐饥，疗饥，充饥。

[36] 东山高卧：是指安然隐居。

[37] 谢:辞谢。 职:官职。

[38] 越石:南朝宋晋安郡(治所今福州市)南有越王石,尝隐云雾中。传说只有宋虞愿为晋安太守时,清廉爱民,此石才出现过。

[39] 仁里:仁者居住的地方。泛称风俗淳美的乡里。

[40] 互乡:在河南省商水县。古称互相为恶之乡。

[41] "里名胜母"四句:意思是说,乡里名叫胜母,是不孝的名词,曾子大孝之人,所以不入;县邑名叫朝歌(早晨唱歌之义),墨子非乐,所以回车。

[42] "击壤而歌"四句:意思是说,敲击土壤随意唱歌,这是尧帝巡游康衢时看到的黎民悠然自得的情形;耕者让地,行者让路,这是周文王做西伯(西方诸侯之长)时,感化了百姓而出现的互相推让的局面。

[43] 商鞅(约前390—前338):战国卫人,姓公孙,名鞅,因封于商,亦称商鞅、商君。初仕魏,后入秦,辅助秦孝公变法。孝公死后被诬陷,车裂而死。此言"商鞅不仁",是对商鞅变法的蔑视。 阡陌:田界。"废井田开阡陌"为商鞅变法的内容之一。

[44] 夏桀:夏朝末代国君桀,名履癸。著名暴君。公元前16世纪在位。后为商汤发兵讨伐,战败而死。 伊洛:伊水和洛水。均在河南省。两水汇流,多连称。

岁 时

爆竹一声除旧,桃符万户更新[1]。履端[2],是初一元旦;人日,是初七灵辰。元旦献君以《椒花颂》[3],为祝遐龄[4];元日饮人以屠苏酒[5],可除疠疫。新岁曰王春[6],去岁曰客岁。火树银花合,谓元宵灯火之辉煌;星桥铁锁开[7],谓元夕金吾之不禁[8]。二月朔为中和节,三月三为上巳辰[9]。冬至百六是清明,立春五戊为春社[10]。寒食节是清明前一日[11],初伏日是夏至第三庚[12]。四月乃是麦秋,端午却为蒲节[13]。六月六日,节名天贶[14],五月五日,序号天中[15]。端阳竞渡,吊屈原之溺水[16];重九登高,效桓景之避灾[17]。五戊鸡豚宴社[18],处处饮治聋之酒;七夕牛女渡河,家家穿乞巧之针。中秋月朗,明皇亲游于月殿;九日风高,孟嘉帽落于龙山[19]。秦人岁终祭神曰腊,故至今以十二月为腊;始皇当年御讳曰政[20],故至今读正月为征。夏至一阴生[21],是以天时渐短;冬至一阳生[22],是以日晷初长[23]。上弦谓月圆其半[24],系初八九;下弦谓月缺其半[25],系廿二三。月光都尽谓之晦,三十日之名;月光复苏谓之朔,初一日之号;月与日对谓之望,十五日之称。初一是死魄[26],初二旁死魄[27],初三哉生明,十六始生魄[28]。翌日、诘朝,言皆明日;谷旦、吉旦,悉是良辰。片晌即谓片时,日曛乃云日暮[29]。畴昔、曩者,俱前日之谓;黎明、昧爽,皆将曙之时[30]。月有三浣[31]:初旬十日为上浣,中旬十日为中浣,下旬十日为下浣;学足三余:夜者日之余,冬者岁之余,雨者晴之余。以术愚人,曰朝三暮四;为学求益,曰日就月将[32]。焚膏继晷[33],日夜辛勤;俾昼作夜,晨昏颠倒。自愧无成,曰虚延岁月;与人共语,曰少叙寒暄。可憎者,人情冷暖;可厌者,世态炎凉。周末无寒年,因东周之懦弱;秦亡无燠岁[34],由嬴氏之凶残[35]。岁歉曰饥馑之年,年丰曰大有之年。唐德宗之饥年[36],醉人为瑞;梁惠王之凶岁[37],野莩堪怜[38]。丰年玉,荒年谷[39],言人品之可珍;薪如桂,食如玉[40]，言薪米之腾贵。春祈秋报[41]，农夫之常规；夜寐夙兴[42]，吾人之勤事。韶华不再，吾辈须当惜阴；日月其除[43]，志士正宜待旦。

注释

[1] 桃符：古代挂在大门上的两块画着神荼、郁垒二神的桃木板，以为能压邪。

[2] 履端：年历的推算始于正月朔日（初一），谓之"履端"。后因以指正月初一。

[3] 元旦：正月初一。 《椒花颂》：据《晋书·列女传》载，晋朝刘臻妻陈氏，元旦献君以《椒花颂》，内有二句云："圣容映之，永寿于万。"祝君以长寿。后遂用为实典，指新年祝词。

[4] 遐龄：高龄，长寿。

[5] 屠苏酒：药酒名。古代风俗，于农历正月初一饮此酒，不生疠疫。

[6] 王春：指阴历新春。

[7] 星桥：银河之桥。即神话中的鹊桥。

[8] 元夕：元宵节晚上。 金吾：掌管京师治安的长官。

[9] 上巳：汉以前以农历三月上旬巳日为"上巳"。

[10] 五戊：戊是天干的第五位。五戊即立春后的第五个戊日。古时以此为春社日。 春社：古时于春耕前（周代用甲日，后多于立春后第五个戊日）祭祀土神，以祈丰收，谓之春社。

[11] 寒食节：在清明前一、二日。相传春秋时晋文公负其功臣介之推。介愤而隐于绵山。文公悔悟，烧山逼令

出仕，介抱树焚死。人民同情其遭遇，相约于介之忌日禁火冷食，以为悼念。以后相沿成俗，称为寒食节。

[12] 三庚：指第三个庚日。

[13] 蒲节：指端午节。因旧时风俗端午节在门上挂菖蒲叶，故称。

[14] 天贶（kuàng）节：宋代节日名。宋真宗大中祥符四年正月诏以六月六日天书再降日为天贶节。

[15] 天中：端午节的别称。

[16] 屈原（约前340—约前278）：战国楚人，名平，字原，又自立名正则，字灵均。我国最早的大诗人。初辅佐楚怀王，做过左徒、三闾大夫。被谗去职，流浪沅湘流域，终投汨罗江而死。著有《离骚》《九章》等。

[17] 桓景避灾：是指汝南人桓景跟方士费长房学仙后，听费长房言，九月九日带全家臂挂茱萸，登高饮菊花酒避灾的故事。据说每年九月九日人们登高饮酒即源于此。

[18] 五戊：即春社日。

[19] 孟嘉：晋朝人。他与桓温于九月九日一同游龙山，风大连帽子都吹落下来。

[20] 御讳：皇帝的名字。

[21] 一阴生：夏至后白天渐短，古人认为是阴气初动，所以夏至又称"一阴生"。

[22] 一阳生：冬至后白天渐长，古人认为是阳气初动，故冬至又称"一阳生"。

[23] 日晷（guǐ）：太阳的影子。比喻时间。

[24] 上弦：农历每月初七或初八，太阳、地球之间的连线和地球、月亮之间的连线成直角时，在地球上看到的月相呈 D 形，称"上弦"。

[25] 下弦：农历每月二十二日或二十三日，太阳、地球之间的连线和地球、月亮之间的连线成直角时，在地球上看到的月相呈 D 形，称"下弦"。

[26] 死魄：月亮无光。

[27] 旁：旁边。

[28] 生魄：月光稍亏。

[29] 曛（xūn）：夕阳的余光。

[30] 曙：天亮，破晓。

[31] 浣：唐代官吏，每十日休息沐浴一次，称作"休浣"。后因称十日为浣。

[32] 日就月将（jiāng）：每天有成就，每月有进步。

[33] 焚膏继晷：膏，油脂，指灯烛；晷，月光。焚膏继晷，形容夜以继日的勤奋学习、工作等。

[34] 燠（yù）：暖。

[35] 嬴氏：秦国的姓氏。指秦国或秦王朝。

[36] 唐德宗：即李适（742—805）。唐代皇帝。代宗之子。公元 779—805 年在位。据《唐书》载，德宗时，年值饥馑，无人酿酒，街上偶有一醉人，以其为祥瑞。

[37] 梁惠王：即魏惠王。战国时魏国国君。因魏国首都在大梁（今河南省开封市），故亦称梁国。

[38] 莩（piǎo）：通"殍"。饿死的人。

[39] 丰年玉，荒年谷：据《世说新语》载，庾亮、庾翼都

很有才能，人称庾亮为"丰年玉"、庾翼为"荒书谷"。后多用以比喻可贵的人才。

[40] 薪如桂，食如玉：语本《战国策·楚策三》："楚国之食贵如玉，薪贵如桂"。后用以形容物价昂贵。

[41] 报：祭祀。

[42] 寐（mèi）：睡。 夙（sù）：早晨。

[43] 除：逝去。言时光即将离开我们，有志者要坐以待旦，急于行事。

朝　廷

三皇为皇[1]，五帝为帝[2]。以德行仁者王，以力假仁者霸。天子，天下之主；诸侯，一国之君。官天下，乃以位让贤；家天下，是以位传子。陛下，尊称天子；殿下，尊重宗藩[3]。皇帝即位曰龙飞，人臣觐君曰虎拜[4]。皇帝之言，谓之纶音[5]；皇后之命，乃称懿旨[6]。椒房是皇后所居[7]，枫宸乃人君所莅[8]。天子尊崇，故称元首；臣邻辅翼[9]，故曰股肱。龙之种，麟之角，俱誉宗藩；君之储，国之二，皆称太子。帝子爱立青宫[10]，帝印乃是玉玺。宗室之派[11]，演于天潢[12]；帝胄之谱[13]，名为玉牒[14]。前星耀彩[15]，共祝太子以千秋；嵩岳效灵，三呼天子以万岁[16]。神器大宝，皆言帝位；妃嫔媵嫱，总是宫娥。姜后脱簪而待罪，世称哲后[17]；马后练服以鸣俭，共仰贤妃[18]。唐放勋德配昊天，遂动华封之三祝[19]；汉太子恩覃少海，乃兴乐府之四歌[20]。

注释

[1] 三皇：传说中上古三帝王，说法不一，这里指天皇、地皇、人皇。

[2] 五帝：指伏羲、神农、黄帝、尧帝、舜帝。

[3] 宗藩：亦作"宗蕃"。指受天子分封的皇族。因其拱卫王室，犹如藩篱，故称。

[4] 觐（jìn）：大臣朝见天子。

[5] 纶音：犹纶言。帝王的诏令。

[6] 懿（yì）旨：古代用以称皇后、皇太后或皇妃、公主等的命令。

[7] 椒房：即椒房殿。汉朝皇后所居的宫殿。殿内以花椒子和泥涂壁，取温暖、芬芳、多子之义。

[8] 枫宸：宸，北极星所居，以此指帝王的殿庭。枫宸，宫殿。汉代宫殿多植枫树，故有此称。

[9] 辅翼：辅佐翼助（天子）。

[10] 帝子：皇帝的儿子。　青宫：太子居东宫，古人以东方之色为青，故称太子所居之宫为青宫。

[11] 派：指宗室的支派。

[12] 演：推演。　天潢：皇族，帝王后裔。

[13] 帝胄（zhòu）：皇族。　谱：指家谱。

[14] 玉牒：记载帝王谱系、历数及政令沿革的书册。

[15] 前星：《汉书·五行志》载，"心，大星，天王也。其前星，太子；后星，庶子也。"后因以前星指太子。

[16] "嵩岳效灵"二句：据《汉书·武帝记》载，元封元年，武帝登嵩山，从祀吏卒皆闻三次高呼万岁之声。这是嵩山在显灵。

[17] "姜后脱簪"二句：据《列女传》载，周宣王好色，姜后曾除脱簪珥，在永巷待罪，宣王感悟，遂勤于政事。世人称赞姜后为明哲的皇后。

[18] "马后练服"二句：据《后汉书》载，汉明帝皇后马氏，素有俭德，为做天下之表率，身服大练（粗帛），食不求甘，世称贤德之妃。

[19] "唐放勋"二句：放勋，帝尧为陶唐氏部落长，名放勋；昊（hào）天，苍天。这两句的意思是，唐尧帝功德如昊天广大无边，覆盖四方，当他巡游到华山时，封人祝愿他多福、多寿、多男子。

[20] "汉太子"二句：恩覃，恩泽悠远；少海，比喻太子。这两句的意思是，汉明帝为太子时，对民众恩泽深厚，感动了乐人，他们作乐府四章，贺太子之德，一曰日重光，二曰月重轮，三曰星重辉，四曰海重润。

文　臣

帝王有出震向离之象[1]，大臣有补天浴日之功[2]。妇人受封曰金花诰[3]，状元报捷曰紫泥封[4]。唐玄宗以金瓯覆宰相之名[5]，宋真宗以美珠箝谏臣之口[6]。金马玉堂[7]，羡翰林之声价；朱幡皂盖[8]，仰郡守之威仪。代天巡狩[9]，赞称巡按[10]；指日高升，预贺官僚。初到任曰下车，告致仕曰解组[11]。太监掌阉门之禁令[12]，故曰阉宦；朝臣皆搢笏于绅间[13]，故曰搢绅。萧曹相汉高[14]，曾为刀笔吏[15]；汲黯相汉武[16]，真是社稷臣。召伯布文王之政[17]，尝舍甘棠之下[18]，后人思其遗爱，不忍伐其树；孔明有王佐之才[19]，尝隐草庐之中，先主慕其令名[20]，乃三顾其庐。鱼头参政[21]，鲁宗道秉性骨鲠；伴食宰相，卢怀慎居位无能[22]。王德用[23]，人称黑王相公；赵清献[24]，世号铁面御史。李善感直言不讳[25]，竟称鸣凤朝阳；汉张纲弹劾无私[26]，直斥豺狼当道。民爱邓侯之政，挽之不留；人嫌谢令之贪，推之不去[27]。廉范守蜀郡[28]，民歌五袴；张堪守渔阳[29]，麦穗两歧。鲁恭为中牟令[30]，桑下有驯雉之异；郭伋为并州守[31]，儿童有竹马之迎。鲜于子骏[32]，宁非一路福星[33]；司马温公[34]，真是万家生佛。鸾凤不栖枳棘[35]，羡仇香之为主簿[36]；河阳遍种桃花[37]，乃潘岳之为县官[38]。刘昆宰江陵[39]，昔日反风灭火；龚遂守渤海[40]，令民卖刀买牛。此皆德政可歌，是以令名攸著[41]。

注释

[1] 震：八卦之一。卦形为☳，象征雷震。又为六十四卦之一，卦形为䷲，震下震上。 离：八卦之一。卦形为☲，代表火。又为六十四卦之一，卦形为䷝，离下离上。 象：气象。

[2] 补天浴日：比喻力挽世运、功勋卓著或挽回危局。

[3] 金花诰：古代以金花绫罗纸书制的赐爵封赠的诰书。

[4] 紫泥封：即"紫泥书"。用紫金的泥封书报喜。指皇帝诏书。

[5] 唐玄宗：即李隆基（685—762），一称唐明皇。唐代皇帝，公元712—756年在位。初期任用姚崇、宋璟为相治理弊政，出现"开元之治"局面；后期任用李林甫、杨国忠执政，政治腐败，奢侈荒淫，肃宗即位后

抑郁而死。　金瓯：金铸的盆、盂。　覆：覆盖。

[6] 箝口：闭口。谓不言或不敢言。

[7] 金马玉堂：金马门与玉堂署。汉时学士待诏之处，后因以称翰林院或翰林学士。

[8] 朱幡皂盖：红色的车障，黑色的车盖。古代高官所乘的车子。

[9] 天：指皇帝。　巡狩：亦作"巡守"。指天子出行，视察邦国州郡。

[10] 巡按：明代派遣监察御史分赴各区省巡视，考核吏治，称为巡按。

[11] 告致仕：旧时官吏告老辞去官职。　解组：组，印绶。解组，解下印绶，辞官去职。

[12] 阉（yān）门：禁门。

[13] 朝臣：朝廷的群臣。　搢笏（jìn hù）：搢，插；笏，朝笏，古时大臣上朝时手中所拿的狭长板子，用玉、象牙或竹片制成，用以记事。搢笏，古代君臣朝见时均执笏，用以记事备忘，不用时插于腰带上。　绅：古代士大夫束于腰间、一头下垂的大带。

[14] 萧：指萧何。　曹：指曹参（？—前190），汉初大臣。沛县（今属江苏省）人。秦末从刘邦起义，屡立战功。汉朝建立，曾任齐相九年。后继萧何为汉惠帝丞相。　汉高：即汉高祖刘邦。

[15] 刀笔吏：亦作"刀笔"。指掌文案的官吏。

[16] 汲黯（？—前112）：字长孺，西汉濮阳（今河南省濮阳西南）人。武帝时，任东海太守，东海大治，召为主爵都尉。常直言切谏。后出任淮扬太守。　汉

武：即汉武帝刘彻（前156—前87），西汉皇帝。公元前140—前87年在位。

[17] 召（shào）伯：一作邵公、召康公。周代燕国的始祖。名奭。因采邑在召（今陕西省岐山西南），称召公或召伯。曾佐武王灭商，封于燕。成王时任太保，与周公分陕而治。　布：展布。　文王：即周文王。　政：大政方针。

[18] 舍：居住。

[19] 孔明：即诸葛亮。　王佐：王者的辅佐，佐君成王业的人。

[20] 先主：开国君主。此指蜀先主刘备（161—223），字玄德，涿郡涿县（今属河北省）人。三国时蜀汉的建立者。公元221—223年在位。　令名：美好的声誉。

[21] 鱼头参政：指宋朝参知政事鲁宗道，他刚正嫉恶，遇事敢言。其姓"鲁"为"鱼"字头，且秉性耿直，故被称为鱼头参政。

[22] 卢怀慎：唐代滑州人。与姚崇同相唐玄宗，自以为才不及姚崇，每事推让，人称伴食宰相。

[23] 王德用：字元辅，宋赵州人。官枢密使。貌雄毅，面黑，人称黑王相公。

[24] 赵清献：即赵抃（1008—1084），字阅道，谥清献。北宋衢州西安（今浙江省衢县）人。官殿中侍御史。弹劾不避权贵，京师号称"铁面御史"。

[25] 李善感：唐代监察御史。唐帝欲封五岳，善感直言力谏，天下谓之"鸣凤朝阳"。

[26] 张纲（108—143）：字文纪，东汉犍为武阳（治今四

川省彭山东）人。顺帝时任御史，弹劾不法，公正无私，申斥权臣是豺狼当道。

[27] "民爱邓侯"四句：这四句是说，晋朝吴郡太守邓攸，为官清廉，离任之日，百姓欲留而留不住；其前任谢令贪财，百姓欲赶走谢令，而谢令却不愿离开。

[28] 廉范：字叔度，东汉京兆杜陵（今陕西省西安东南）人。任蜀郡太守时，废为防火禁民夜作旧制，主张储水防火，令民夜作，百姓富足，作歌曰："廉叔度，来何暮，不禁火，民安作，昔无襦，今五袴。" 蜀郡：秦灭古蜀国置郡。治所在成都。

[29] 张堪：字君游，东汉宛人。任渔阳太守时，鼓励农耕，百姓殷富。有歌曰："桑无附枝，麦穗两歧。" 渔阳：战国燕置郡。秦汉治所在渔阳（今北京市密云县西南）。辖境相当于今北京市以东各县。

[30] 鲁恭：字仲康，东汉平陵人。累官至司徒。任中牟县令时，施行仁政，以至蝗虫不入境，幼小的野鸡栖于桑下，连儿童也不捕捉。 中牟：汉置县。在河南省中部、黄河南岸。

[31] 郭伋：字细侯，东汉茂陵人。累官太中大夫。任并州太守时，惠爱百姓，后到此巡行，连儿童都骑竹马迎候。 并州：汉武帝所置十三刺史部之一。东汉治所在晋阳（今山西省太原西南）。

[32] 鲜于子骏：即鲜于侁，字子骏，北宋阆州人。做京中转运史时，司马光说，以侁之贤，派他去救齐鲁一带百姓，岂不是一路福星。

[33] 宁（nìng）：岂，难道。

[34] 司马温公：即司马光。他任宰相时，恩惠遍及百姓，被称之为"万家活佛"。

[35] 枳棘（zhǐ jí）：枳木与棘木。因其多刺而称恶木。常用以比喻恶人或小人。

[36] 仇香：汉人。为县中小吏。因他志向远大，受到县令王涣的钦慕。　主簿：汉代郡县典领文书、办理事务的小官。

[37] 河阳：汉置县。治所在今河南省孟县西。

[38] 潘岳（247—300）：字安仁，荥阳中牟（今属河南省）人。西晋文学家。累官给事黄门侍郎。任河阳令时，勤于政绩，县中遍种桃李，传为美谈。

[39] 刘昆：字桓公，东汉东昏人。光武帝时，任江陵县令。县里连年火灾，刘昆向火叩头，结果反转风力，熄灭火灾。这显然是民间给这位县令制造的神话。

江陵：秦置县。在湖北省中部偏南、长江沿岸。

[40] 龚遂：字少卿，西汉南平阳人。刚毅有大节。宣帝时，渤海郡岁饥，盗贼并起，帝任龚遂为太守，往缉之。龚至郡界，传令勿捕盗，盗皆佩剑带刀往迎。龚劝其卖刀买牛，力农务本，改过迁善，郡遂大治。

渤海：西汉置郡。治所在浮阳（今河北省沧县）。

[41] 攸（yōu）：久，长远。

武　职

韩柳欧苏[1]，固文人之最著；起翦颇牧[2]，乃武将之多奇。

范仲淹胸中具数万甲兵[3],楚项羽江东有八千子弟[4]。孙膑吴起[5],将略堪夸[6];穰苴尉缭[7],兵机莫测[8]。姜太公有《六韬》[9],黄石公有《三略》[10]。韩信将兵[11],多多益善;毛遂讥众[12],碌碌无奇。大将曰干城[13],武士曰武弁。以车为户曰辕门[14],显揭战功曰露布[15]。下杀上谓之弑,上伐下谓之征。交锋为对垒,求和曰求成。战胜而回,谓之凯旋;战败而走,谓之奔北。为君泄恨,曰敌忾[16];为国救难,曰勤王[17]。胆破心寒,比敌人慑伏之状;风声鹤唳[18],惊士卒败北之魂。汉冯异当论功[19],独立大树下,不夸己绩;汉文帝尝劳军[20],亲幸细柳营,按辔徐行[21]。苻坚自夸将广[22],投鞭可以断流;毛遂自荐才奇,处囊便当脱颖[23]。羞与哙等伍[24],韩信降作淮阴;无面见江东,项羽羞归故里。韩信受胯下之辱[26],张良有进履之谦[27]。卫青为牧猪之奴[28],樊哙为屠狗之辈[29]。求士莫求全,毋以二卵弃干城之将[30];用人如用木,毋以寸朽弃连抱之材。总之君子之身,可大可小;丈夫之志,能屈能伸。自古英雄,难以枚举;欲详将略,须读武经。

注释

[1] 韩柳欧苏:指韩愈、柳宗元、欧阳修、苏轼。韩愈(768—824),字退之,河南河阳(今河南省孟县西)人,郡望昌黎,世称韩昌黎。唐朝著名散文家。为古文运动倡导者之一,被列为"唐宋八大家"之首。有《昌黎先生集》。柳宗元(773—819),字子厚,河东解(今山西省运城县解州镇)人。唐文学家。曾任礼部员外郎,后贬为永州司马,又迁柳州刺史,故又称"柳柳州"。倡导古文运动,为"唐宋八大家"之一。

有《河东先生集》。欧阳修（1007—1072），字永叔，号醉翁、六一居士。吉水（今属江西省）人。北宋文学家。曾任参知政事。为"唐宋八大家"之一。有《欧阳文忠集》。苏轼（1037－1101），北宋文学家、书画家。字子瞻，号东坡居士，眉山（今属四川）人。与父洵弟辙合称"三苏"。均被列为"唐宋八大家"

[2] 起翦颇牧：指白起、王翦、廉颇、李牧。

[3] "范仲淹"句：宋仁宗时，范仲淹兼知延州，西夏兵入侵延州，惧怕范仲淹，故有此说。

[4] 楚项羽：西楚霸王项羽（前232—前202），秦末农民起义军领袖。名籍，字羽，下相（今江苏省宿迁西南）人。楚国贵族出身。秦二世元年（公元前209年），从叔父项梁在吴（今江苏省苏州市）起义，收吴中子弟八千人，渡江而西。秦亡后自称西楚霸王。后败于刘邦，自刎于乌江（今安徽省和县东北）。

[5] 孙膑：战国时兵家。齐国阿（今山东省阳谷东北）人。魏将庞涓忌其才，诳至魏，处以膑刑（去膝盖骨），故称孙膑。后归齐，任军师，为齐谋击魏，大败庞涓。著有《孙膑兵法》。 吴起：战国时兵家。卫国左氏（今山东省曹县北）人。善用兵。初仕鲁，继仕魏，后奔楚，辅佐楚悼王实行变法。悼王死后，被杀。

[6] 将（jiàng）略：用兵的谋略。

[7] 穰苴：姓司马。春秋时齐国大夫。深通兵法。著有《司马法》。 尉缭：战国中期军事家。曾对魏惠王讲

论用兵取胜方策。

[8] 兵机：用兵的机谋。

[9] 《六韬》：中国古代兵书。传为周代吕望（姜太公）著。现存六卷，即文韬、武韬、龙韬、虎韬、豹韬、犬韬。

[10] 黄石公：又称杞上老人。传说为张良的老师，授张良以《太公兵法》。后代流传有兵书《黄石公三略》。《三略》：一名《黄石公三略》。中国古代兵书。传为汉初黄石公著。全书分上略、中略、下略三卷。

[11] 韩信（？—前196）：汉初军事家。淮阴（今属江苏省）人。初属项羽，继归刘邦，被任为大将，助刘邦攻灭项羽。西汉建立，封楚王，有人告他谋反，降为淮阴侯。后为吕后所杀。

[12] 毛遂：战国时期赵国人。平原君门下食客。赵孝成王九年（公元前257年），秦国攻赵，平原君到楚求救，他自荐同往，并说服楚王同意赵楚联合抗秦。他讥笑同行的人"公等碌碌，因人成事"。

[13] 干（gàn）城：干，盾牌。干和城都比喻捍卫者。

[14] 辕门：古代帝王巡狩、田猎的止宿处，以车为藩；出入之处，仰起两车，车辕相向表示门，称"辕门"。

[15] 显揭：公开发布。 露布：即军事捷报。相传后魏每征战获胜，为使天下知晓，乃书战功于旗上，名为"露布"。

[16] 敌忾：抵抗所愤恨的敌人。

[17] 勤王（wáng）：尽力于王事。多指君王的统治受到威胁而动摇时，臣子起兵救援王朝。

[18] 风声鹤唳（lì）：前秦王苻坚攻打东晋，在淝一带大败。前秦士兵在逃回的路上，听到风声、鹤鸣，都认为晋军在追击他们。事本《晋书》。后因以"风声鹤唳"形容极端惊慌疑惧或自相惊扰。

[19] 冯异（？—34）：字公孙，东汉颍川父城（今河南省宝丰东）人。随刘秀征战，当诸将并坐论功时，他退避树下，不矜夸自己，军中因号"大树将军"。刘秀即位，被封为阳夏侯，任征西大将军。后死于军中。

[20] 汉文帝：即刘恒（前202—前157），西汉皇帝。公元前180—前157年在位。据《汉书》载，文帝亲自去汉将周亚夫的细柳营（今陕西省咸阳西南）慰劳军士，他遵照军纪，手执马缰绳，缓缓进入营中。

[21] 辔（pèi）：驾驭马的缰绳。

[22] 苻坚（338—385）：字永固，略阳临渭（今甘肃省秦安东南）人。氐族。十六国时前秦皇帝。公元357—385年在位。他南犯东晋时，自夸兵多将广，若把鞭子投入长江，可以截断江水。结果却败于东晋。

[23] 处囊：据《史记》载，毛遂自荐到楚国求兵解救赵国危难，他对平原君说，自己如处囊中的锥子，一定要脱颖而出，展露才智。后常以"处囊"比喻一个人的才智得到机会便显露出来。

[24] 羞与哙等伍：这是韩信被降为淮阴侯后，不愿和樊哙等人为伍所说的话。

[25] 无面见江东：这是项羽被刘邦打败后，羞愧得没有颜面回到江东再见父老乡亲时说的话。

[26] 韩信受胯下之辱：韩信是汉初军事家。据《史记·淮

阴侯列传》载，韩信年轻时喜好佩剑。一次，在淮阴城中遇一屠夫想羞辱他，说："你要不怕死，就用剑刺我；若怕死，就从我的胯下钻过去。"韩信看了一会儿，俯身从屠夫胯下钻了过去。全城人都耻笑，以为韩怯懦了。

[27] 张良有进履之谦：张良为汉初大臣。据《史记·留侯世家》载，秦末一老者，在下邳（今江苏省睢宁北）桥上故意把鞋丢在桥下，让张良取回来，张良忍耐着把鞋取回来，老者又让给穿上，张良又跪着给老者穿鞋。老者经再三考验，将《太公兵法》传授给张良，使张良后来成为刘邦的军师。后用以称屈己尊老，求取教益。

[28] 卫青（？—前106）：西汉名将。字仲卿，河东平阳（今山西省临汾西南）人。据说幼时孤贫，曾做过放猪的奴隶。后为汉武帝重用，官至大将军，封长平侯。

[29] 樊哙（？—前189）：汉初将领。沛县（今属江苏省）人。少以屠狗为业。后随刘邦起义。西汉建立，任左丞相，封舞阳侯。

[30] "求士"二句：据《孔丛子·居卫》载，孔子的孙子子思在卫国向卫侯推荐苟变为将，卫侯亦知苟变为将才，但他在一次征赋税时私自吃了人家两个鸡蛋，所以不宜任用。子思说，用人应取其所长，弃其所短，不要因为两个鸡蛋弃干城之将。后用以比喻因人有小过而忽其大节。

卷 二

祖孙父子

何谓五伦?君臣、父子、兄弟、夫妇、朋友。何谓九族?高、曾、祖、考、己身、子、孙、曾、玄。始祖曰鼻祖,远孙曰耳孙。父子创造,曰肯构肯堂[1];父子俱贤,曰是父是子[2]。祖称王父[3],父曰严君。父母俱存,谓之椿萱并茂[4];子孙发达,谓之兰桂腾芳[5]。乔木高而仰,似父之道;梓木低而俯,如子之卑[6]。不痴不聋,不作阿家阿翁[7];得亲顺亲[8],方可为人为子。盖父愆[9],名为干蛊[10];育义子,乃曰螟蛉[11]。生子当如孙仲谋[12],曹操羡孙权之语[13];生子须如李亚子[14],朱温叹存勖之词[15]。菽水承欢[16],贫士养亲之乐;义方是训[17],父亲教子之严。绍箕裘[18],子承父业;恢先绪[19],子振家声。具庆下[20],父母俱存;重庆下[21],祖父俱在[22]。燕翼贻谋[23],乃称裕后之祖;克绳祖武[24],是称象贤之孙[25]。称人有令子[26],曰鳞趾呈祥[27];称宦有贤郎,曰凤毛济美[28]。弑父自立,隋杨广之天性何存[29]?杀子媚君,齐易牙之人心何在[30]?分甘以娱目[31],王羲之弄孙自乐[32];问安惟点颔,郭子仪厥孙最多[33]。和丸教子,仲郢母之贤[34];戏彩娱亲,老莱子之孝[35]。毛义捧檄[36],为亲之存;伯俞泣杖[37],因母之老。慈母望子,倚门倚间[38];游子思亲,陟岵陟屺[39]。爱无差等,曰兄子如邻子;分有相同[40],曰吾翁即若翁[41]。长男为主器[42],令子可克家[43]。子光前曰充闾[44],子过父曰跨灶[45]。宁馨英畏[46],皆是羡人之儿;国器掌珠[47],悉是称人之子。可爱者,子孙之多[48],若螽斯之蛰蛰[49];堪羡者,后人之盛,如瓜瓞之绵绵[50]。

注释

[1] 肯构肯堂:语出《书·大诰》。本指建造房屋。后用以比喻子能继承父业。

[2] 是父是子:儿子就像父亲一样(贤能)。

[3] 祖:指祖父。

[4] 椿萱并茂:椿萱,椿庭萱堂的省略,指父母。椿萱并茂,比喻父母健在。

[5] 兰桂腾芳:兰桂,指兰和桂,比喻子孙。兰桂腾芳,比喻子孙兴旺发达。

[6] "乔木高而仰"四句:乔木、梓木、均为木名。据《尚书大传》载,鲁国的伯禽与康叔去见其父周公,三次都受到鞭打。兄弟俩不知其故,去问聪慧的商子。商子说:"南山之阳有乔木,南山之阴有梓木,你们为何不去看看?"于是兄弟二人来到南山,见乔木高而仰,梓木低而俯,回来告诉了商子。商子说:"乔木高仰,像是做父亲的姿态;梓木低俯,像是做儿子的卑屈。"

[7] "不痴不聋"二句:唐代郭子仪之子郭暧娶代宗女升平公主,夫妻二人不和。郭暧对公主说:"你是倚仗你父亲为天子,我父亲并不把天子放在眼里。"公主

入宫将此事告诉代宗,代宗劝公主返回婆家。子仪知道后,带儿子赴宫廷请罪时,代宗说了上面的话。意即不装傻装聋,不能做公婆。　翁家(gū):即翁姑。指公婆。

[8]　得亲:指得到父母的欢心。　顺亲:指顺乎父母的旨意。

[9]　盖:掩盖。　愆(qiān):过失。

[10]　干蛊(gǔ):"干父之蛊"的略语。出自《易·蛊》。蛊,事。干蛊,是说儿子能继承父志,完成父亲未竟之业。

[11]　螟蛉:蜾蠃常捕螟蛉喂养它的幼虫,古人认为蜾蠃养螟蛉为子,因把"螟蛉"作为养子的代称。

[12]　生子当如孙仲谋:三国时,曹操见孙权(字仲谋)队伍整齐,感叹道:"生子当如孙仲谋!如刘景儿子,豚犬耳。"

[13]　曹操(155—220):三国时政治家、军事家、诗人。字孟德,小名阿瞒,沛国谯(今安徽省亳州)人。东汉末,在镇压黄巾起义的过程中组成强大的军事集团,逐渐统一黄河流域。后封魏王。公元220年病死。子曹丕称帝,追尊为魏武帝。　孙权(182—252):字仲谋,吴郡富春(今浙江省富阳)人。三国时吴国的建立者。东汉末继其兄孙策据有江东六郡。先后大败曹操、刘备,于公元229年称帝,建立吴国,定都建业(今南京市)。

[14]　生子须如李亚子:五代时,李存勖(小名亚子)破梁夹寨,朱温赞叹说:"生子须如李亚子,吾儿豚犬耳。"

[15] 朱温（852—912）：五代时梁王朝的建立者。宋州砀山（今属安徽省）人。唐乾符四年（公元877年）参加黄巢起义，后叛变投唐，镇压黄巢起义。天祐四年（公元907年）代唐称帝，改名晃，建都汴（今河南省开封市），国号梁，史称后梁。乾化二年（公元912年）为其子所杀。 李存勖（885—926）：五代时唐王朝的建立者。沙陀部人。与后梁连年混战。后梁龙德三年（公元923年）称帝，建都洛阳，国号唐，史称后唐。同年灭后梁。同光三年（公元926年）兵变被杀。

[16] 菽水承欢：语出《礼记·檀弓下》。菽，豆。菽水承欢，指给父母食用煮熟的豆和水，以承顺父母的欢心。这里指晚辈对长辈的供养。

[17] 义方。行事应遵守的规范和道理。

[18] 绍：继承。 箕裘：《礼记·学记》载，"良冶之子，必学为裘；良弓之子，必学为箕。"言善冶之家，其子弟见父兄陶铸金铁，使之柔和，以补治破器皆令完好，故此子弟仍能学为袍裘，补续兽皮，片片相合，以至完全；善为弓之家，使干角挠屈调和制成弓，故其子弟亦睹其父兄之业，仍学取柳和软挠之制成箕。良冶、良弓，指善于冶金和造弓的人。意思是儿子往往继承父业。后因以"箕裘"比喻祖先的事业。

[19] 恢：发扬，宏大。 先绪：先人之业。

[20] 具庆：指父母俱在。

[21] 重（chóng）庆：指祖父母与父母俱在。

[22] 祖父：此指祖父母、父母。

[23] 燕翼贻谋：《诗·大雅·文王有声》中有"贻厥孙谋，以燕翼子"的诗句。燕，安；翼，敬。燕翼贻谋，是说善替子孙后代谋划。

[24] 克绳祖武：《诗·大雅·下武》中有"绳其武祖"的诗句。克，能；绳，继续；祖武，先人的遗迹、事业。克绳祖武，指能够继承祖先的事业。

[25] 象贤：语出《书·微子之命》。象，法。象贤，指能效法先人的贤德。

[26] 令子：佳子，好儿子。

[27] 麟趾：语出《诗·周南·麟之趾》。本是赞美文王子孙繁衍而多贤。后喻子孙众多与贤能。

[28] 凤毛：凤凰的羽毛。比喻珍贵稀少之物。

[29] 杨广（569—618）：即隋炀帝。隋代皇帝。杀父隋文帝即帝位。公元604—618年在位。统治期间，徭役繁重，各地不断爆发农民起义。公元618年被杀。

[30] 易牙：春秋时齐桓公宠臣。雍人，名巫，亦称雍巫。长于调味，善逢迎。相传曾烹其子为羹以献齐桓公。桓公死，与竖刁等专权，乱杀群臣，致使齐国内乱。

[31] 甘：甘甜的食物。 娱目：悦目。

[32] 王羲之（321—379）：东晋大书法家。字逸少，琅琊临沂（今属山东省）人。官右军将军，人称王右军。其书法备精诸体，尤擅楷行，字势雄强多变，为历代学者所崇尚，对后代书法影响颇大。书迹刻本甚多。

[33] 郭子仪（697—781）：唐代大将。华州郑县（今陕西省华县）人。因功累迁中书令。据说有八子七婿，皆显官。有孙数十个，每问安，不能辨认，只好点头表

示答应。

[34] 仲郢母：唐吏部尚书柳公绰妻。善教子。为训其子柳仲郢，尝和熊胆为丸，使夜嚼以助勤读。

[35] 老莱子：春秋末楚国隐士。相传居于蒙山之阳，自耕而食。有孝行，年七十，常穿五色彩衣为婴儿状，以娱父母。

[36] 毛义捧檄：檄是古代官府用以征召的文书。据《后汉书·刘平等传序》载，汉朝以孝著称的毛义，官府征召他守安阳的公文到来后，他捧檄而喜，其母去世后，他便辞去官职。有人感叹说："毛义以前捧檄原来是让母亲高兴啊！"后称为母出仕为"捧檄"。

[37] 伯俞泣杖：相传汉朝的韩伯俞因过受母亲杖打时，感到母亲年老力衰，杖打无力，因而哭泣。事见《说苑·建本》。后以此为尽孝之典型。

[38] 闾（lú）：里巷的大门。

[39] 陟（zhì）：登。 岵（hù）：多草木的山。 屺（qǐ）：不长草木的山。

[40] 分（fèn）：指名分。

[41] 吾翁即若翁：翁，父亲。据《史记·项羽本纪》载，这是项羽与刘邦结为兄弟后说的一句话。"吾翁即若翁"，意即我的父亲就是你的父亲。

[42] 主器：器，祭器。我国古代国君的长子主宗庙祭器，因以称太子为"主器"。后对人长子亦称"主器"。

[43] 克家：本指能承担家事。后亦指能继承家业。

[44] 光：指光耀门庭。 光间：光大门庭。

[45] 跨灶：本指良马奔跑时后蹄印跃过前蹄印。这里比喻

儿子胜过父亲。

[46] 宁馨（xīn）：安宁馨香。　英畏：英俊可畏。

[47] 国器：旧指可以治国的人才。　掌珠：掌上明珠。

[48] 可爱：令人爱慕。

[49] 螽（zhōng）斯：出自《诗·周南·螽斯》。昆虫名。这里用以比喻子孙众多。　蛰（zhé）蛰：众多的样子。

[50] 瓜瓞（dié）：比喻子孙繁衍，相继不绝。

兄　弟

天下无不是的父母，世间最难得者兄弟。须贻同气之光[1]，无伤手足之雅[2]。玉昆金友[3]，羡兄弟之俱贤；伯埙仲篪[4]，谓声气之相应。兄弟既翕[5]，谓之花萼相辉[6]；兄弟联芳，谓之棠棣竞秀[7]。患难相顾，似鹡鸰之在原[8]；手足分离，如雁行之折翼[9]。元方、季方俱盛德，祖太丘称为难弟难兄[10]；宋郊、宋祁俱中元[11]，当时人号为大宋小宋。荀氏兄弟，得八龙之佳誉[12]；河东伯仲[13]，有三凤之美名[14]。东征破斧，周公大义灭亲[15]；遇贼争死，赵孝以身代弟[16]。煮豆燃萁[17]，谓其相害；斗粟尺布[18]，讥其不容。兄弟阋墙[19]，谓兄弟之斗狠；天生羽翼，谓兄弟之相亲。姜家大被以同眠[20]，宋君灼艾而分痛[21]。虽曰安宁之日，不如友生[22]；其实凡今之人，莫如兄弟。

注释

[1] 贻：遗留。　同气：有血统关系的亲属。指兄弟姊妹。

[2] 雅：交情。

[3] 玉昆金友：亦作"玉友金昆"。兄弟的美称。据《南史·王铨传》载，南朝梁人王铨及弟王锡，相貌堂堂，孝行齐名，时人以为铨锡二王，可谓玉昆金友。

[4] 埙（xūn）、篪（chí）：均为古代乐器。埙为土制吹奏乐器；篪为竹制管乐器。二者合奏时声音相应和，因常以"埙篪"比喻兄弟亲密和睦。

[5] 翕（xī）：和乐，和谐。

[6] 花萼相辉：据《旧唐书》载，唐玄宗一向友爱，曾经做了长枕头和大被子与兄弟同寝，并在西楼题上"花萼相辉楼"。花萼同生一枝，常用以比喻兄弟间和睦友爱。

[7] 棠棣：《诗·小雅·常棣》是一首申述兄弟应该互相友爱的诗。诗中有"常棣"，亦作"棠棣"，用以指兄弟。

[8] 鹡鸰（jí líng）：亦作"脊令"。鸟名。《诗·小雅·常棣》中有"脊令在原，兄弟急难"的诗句。是说脊令鸟失其常处，飞鸣求其同类相救于急难。后因以喻兄弟友爱，急难相顾。

[9] 雁行（háng）：指排列整齐而有次序。《礼记·王制》中有"兄之齿雁行"的句子。雁行，比喻兄弟。意即兄长弟幼，年齿有序，如飞雁的行列。

[10] "元方"二句：东汉的陈寔为太丘令，长子名元方，次子名季方，均有德望。元方子长文与季方子孝先，争论其父功德，咨于其祖父，太丘说："元芳难为兄，季芳难为弟。"后遂以"难兄难弟"指兄弟两人才德俱佳，难分高下。

[11] 宋郊（996—1066）：即宋庠。北宋文学家。初名宋郊，字公序，安陆（今属湖北省）人，后迁开封雍丘（今河南省杞县）。与弟宋祁并有文名，时称"二宋"。二人同举进士，宋庠名列第一。官兵部侍郎同平章事。有《宋元宪集》。 宋祁（998—1061）：字子京。北宋文学家、史学家。宋郊弟。曾官翰林学士、史馆修撰。与欧阳修合修《新唐书》。书成，进工部尚书，拜翰林学士承旨。清人辑有《宋景文集》。中（zhòng）元：谓中试。此指考中状元。

[12] 八龙：东汉荀淑，莅事明理，人谓神君。他的八个儿子并有才名，时称"荀氏八龙"。

[13] 伯仲：指兄弟的次第。亦代称兄弟。

[14] 三凤：唐代河东（今属山西省）薛收与从兄元敬、族兄德音三人皆有美名，世称"河东三凤"。

[15] "东征"二句：据《史记·周本纪》载，西周初年，周武王病死，其子成王年幼，由周公摄政。其弟管叔、蔡叔不服，联合纣王之子武庚发动叛乱。周公出师东征，历时三年，平定叛乱，诛死管、蔡。

[16] "遇贼"二句：相传，王莽末年，有一对赵姓兄弟，很友爱。一次，弟弟被强盗抓走，扬言要吃他的肉。哥哥赵孝得知后，自缚其身来找强盗，说："我比弟弟胖，愿意代他而死。"强盗见他对弟弟有情义，就把他们都放了。

[17] "煮豆燃萁"二句：三国魏曹丕要害其弟曹植，命他在七步之内作成一首诗，不然，就把他杀了。曹植遂吟出一首诗："煮豆燃豆萁，豆在釜中泣，本是同根

生，相煎何太急。"曹丕听后甚为感动，就把弟弟放了。

[18] "斗粟尺布"二句：据《史记·淮南衡山列传》载，西汉文帝的弟弟淮南王刘长谋反失败，在解往蜀郡的途中绝食而死。民间编了一首歌谣，讥笑文帝不容其弟："一尺布，尚可缝，一斗粟，尚可舂，兄弟二人不相容。"

[19] 阋（xì）墙：语出《诗·小雅·常棣》。指兄弟内部相争。

[20] 姜家大被同眠：东汉姜肱性友爱，与弟仲海、季江俱以孝著称。弟兄三人为慰母心，常同被而眠。事见《后汉书·姜肱传》。后世遂以"大被"比喻弟兄友爱。

[21] 宋君灼艾而分痛：宋太祖赵匡胤兄弟友爱，其弟匡义生病，太祖同他一块灼艾，为弟弟分担疼痛。事见《宋史·太祖纪三》。

[22] 友生：朋友。

夫　妇

孤阴则不生，独阳则不长[1]，故天地配以阴阳；男以女为室，女以男为家，故人生偶以夫妇。阴阳和而后雨泽降，夫妇和而后家道成。夫谓妻曰拙荆[2]，又曰内子；妻称夫曰藁砧[3]，又曰良人。贺人娶妻，曰荣偕伉俪[4]；留物与妻，曰归遗细君[5]。受室即是娶妻，纳宠谓人娶妾。正妻谓之嫡，众妾谓之庶。称人妻曰尊夫人，称人妾曰如夫人。结发系是初婚，续弦乃是再娶。妇人重婚曰再醮[6]，男子无偶曰鳏居[7]。如鼓瑟琴，夫妻好合之谓；琴瑟不调，夫妇反目之词。牝鸡司晨[8]，比妇人之主事；河东狮吼[9]，讥男子之畏妻。杀妻求将[10]，吴起何其忍心；蒸梨出妻[11]，曾子善全孝道。张敞为妻画眉[12]，媚态可哂[13]；董氏对夫封发[14]，贞节堪夸。冀郤缺夫妻[15]，相敬如宾；陈仲子夫妇，灌园食力[16]。不弃糟糠，宋弘回光武之语[17]；举案齐眉，梁鸿配孟光之贤[18]。苏蕙织回文[19]，乐昌分破镜[20]，是夫妇之生离；张瞻炊臼梦[21]，庄子鼓盆歌[22]，是夫妇之死别。鲍宣之妻，提瓮出汲，雅得顺从之道[23]；齐御之妻，窥御激夫，可称内助之贤[24]。可怪者买臣之妻，因贫求去，不思覆水难收[25]；可丑者相如之妻，贪夜私奔，但识丝桐有意[26]。要知身修而后家齐，夫义自然妇顺。

注释

[1]　阴、阳：指阴气、阳气。天地间化生万物之气。

　　　生、长：生（长）出万物。

[2]　拙荆：东汉隐士梁鸿的妻子孟光，生活俭朴，以荆枝作钗，粗布为裙。后因以"拙荆"谦称自己的妻子。

[3]　藁砧：古代处死刑，罪人席藁伏于砧上，用铁斩之。"铁""夫"谐音，后因以"藁砧"为妇女称丈夫的隐语。

[4]　荣偕伉俪（kàng lì）：祝人夫妇和谐美好之词。

[5]　细君：古称诸侯之妻。后为妻的通称。

[6]　再醮（jiào）：古代行婚礼时，父母给子女酌酒的仪式称"醮"。因称男子再娶或女子再嫁为"再醮"。

[7] 鳏(guān)居：独身无妻室。

[8] 牝(pìn)鸡司晨：牝，母鸡。牝鸡司晨，母鸡报晓。旧时以此贬喻女性掌权。

[9] 河东狮吼：据《容斋三笔·陈季常》载，宋朝的陈季常喜好佛学，他的妻子柳氏妒悍，客人来到后经常听到她的诟骂声。故苏东坡借佛家语戏之曰："谁似龙邱居士贤，谈空说法夜不眠。忽闻河东狮子吼，拄杖落手心茫然。"龙邱居士为陈季常的别号；河东（古郡名）是柳氏的郡望，暗指陈妻柳氏；狮子吼，佛家以喻威严。后用"河东狮吼"比喻妒悍的妻子发怒，并借以嘲笑惧内的人。

[10] 杀妻求将：据《史记·孙子吴起列传》载，吴起在鲁国做官，齐国攻打鲁国，鲁国欲拜吴起为将，但因为他的妻子是齐国人，鲁国迟疑不敢起用。吴起知道后，为表忠心，遂杀了妻子，于是被鲁国拜为将。后因以"杀妻求将"比喻人为追求功名利禄而不惜忍心害理。

[11] 蒸梨出妻：古传孔子弟子曾子侍后母至孝，曾子的妻子因为没把梨蒸熟，就让后母食用，曾子就把妻子休了。事见《孔子家语·七十二弟子解》。

[12] 张敞：字子高，西汉河东平阳（今山西省临汾西南）人。曾任京兆尹。为官直言敢谏，所至有治绩。据传与妻相敬如宾，常为妻子画眉。

[13] 哂(shěn)：讥笑。

[14] 董氏封发：唐朝的贾直言被贬，其妻董氏以示对丈夫的忠贞之志，封束发髻，誓不改嫁。事见《新唐书·

列女传·贾直言妻董》。

[15] 冀：古国名。在今山西省河津县。春秋时为晋所并，作为郤氏食邑。　郤（xì）缺（？—前597）：即郤成子。春秋时晋国大夫。其父因罪被杀，他降为庶人，耕于冀野，与其妻相敬如宾，为此受举荐迁升。晋成公六年（公元前601年）执国政。卒谥"成子"。

[16] "陈仲子"二句：据《列士传》载，战国时期齐国人陈仲子（字子终，居於陵，亦称於陵子终）甚贤，楚王闻知，遣使欲聘为相。仲子不愿去楚国做官，夫妇逃往他乡，替人灌园为生。

[17] "不弃糟糠"二句：东汉光武帝刘秀的姐姐湖阳公主寡居，刘秀欲将其嫁与有妇之夫大司空宋弘。宋弘以"贫贱之交不可忘，糟糠之妻不下堂"之语回绝了汉光武帝。

[18] 举案齐眉：东汉梁鸿家贫博学，与妻孟光隐居霸陵山中，因写诗讽刺统治者，为朝廷所忌，后逃往吴地，为人雇佣舂米，每进食，孟光必举食器至眉，以示夫妻敬爱。

[19] 苏蕙织回文：十六国时前秦女诗人苏蕙（字若兰）的丈夫窦滔远戍流沙，苏蕙思念大夫，织锦作《回文璇图诗》以寄。　回文诗：亦作"迴文诗"。杂体诗名。通常指可以倒读的诗篇。有的可以反复回旋，得诗更多。相传始于晋代。今所见有苏蕙《璇玑图》诗等。

[20] 乐昌分破镜：南朝陈将亡时，驸马徐德言与妻乐昌公

主估计不能相保,故破一铜镜,各执一半,作为日后重见的凭证。后陈亡,失散的夫妻凭此得以相聚。事见《本事诗·情感》。后因以"乐昌分镜"比喻夫妻分离。

[21] 张瞻炊臼梦:据《酉阳杂俎·梦》载,江淮王生善卜。商人张瞻欲从外地回家时,梦见自己用臼做饭,询问是何预兆。王生说:"用臼做饭是无釜('釜'与'夫'谐音)的意思,你回去将看不到妻子了。"张回到家中,妻子果然已死去数月。后以"炊臼"喻丧妻。

[22] 庄子鼓盆歌:据《庄子·至乐》载,庄子的妻子死了,惠子前来吊唁,庄子箕踞地上,敲着盆唱起歌来。后以"鼓盆"指丧妻。

[23] "鲍宣之妻"三句:西汉富家之女桓少君嫁与贫士鲍宣为妻,她身换布衣,提着瓦瓮出门打水,以修顺从之妇道。

[24] "齐御之妻"三句:晏子为齐相时,他的车夫颇为自得。车夫之妻对他说:"晏子身为齐相,名著天下,尚且谦逊;你身为车夫,反而洋洋自得,我为你感到羞愧。"其后车夫谦虚恭谨,终于官居大夫。

[25] "可怪者"三句:西汉朱买臣幼时家贫,负薪读书。结婚之后,妻子嫌其贫而改嫁别人。后来买臣做了会稽太守,妻子欲求复婚,他说:"泼出去的水怎能收回呢?"

[26] "可丑者"三句:西汉辞赋家司马相如回故乡成都,途经临邛县时,结识了临邛富商卓王孙的女儿卓文

君。当时卓文君新寡,相如以琴挑逗,文君心悦,夜奔相如,一同逃往成都,卖酒为生。　霪(yín)夜:深夜。　丝桐:指琴。古人削桐为琴,练丝为弦,故称。

叔　侄

曰诸父,曰亚父,皆叔父之辈;曰犹子,曰比儿,俱侄儿之称。阿大中郎,道韫雅称叔父[1];吾家龙文[2],杨素比美侄儿[3]。乌衣诸郎君[4],江东称王谢之子弟[5];吾家千里驹,苻坚羡苻朗为侄儿。竹林叔侄之称[6],兰玉子侄之誉[7]。存侄弃儿,悲伯道之无后[8];视叔犹父,羡公绰之居官[9]。卢迈无儿,以侄而主身之后[10];张范遇贼,以子而代侄之生[11]。

注释

[1]　道韫:即晋朝谢道韫。

[2]　龙文:骏马名。后常用以比喻才华出众的子弟。

[3]　杨素(?—606):隋大臣。字处道,弘农华阴(今陕西省)人。士族出身。助隋文帝灭陈,因功封越国公。后任尚书左仆射,执掌朝政。参与宫廷阴谋,拥立炀帝,官至司徒。

[4]　乌衣:巷名。　郎君:此指对年轻子弟的美称。

[5]　江东:长江在芜湖、南京间作西南南、东北北流向,隋唐以前,是南北往来主要渡口所在,习惯上称自此以下的长江南岸地区为江东。

[6] 竹林：竹林之贤的省称。魏晋间，阮咸、阮籍、嵇康、山涛、向秀、王戎、刘伶七个文人名士相与友善，常宴集于竹林之下，人称"竹林七贤"。其中的阮咸、阮籍是叔侄，所以人称叔侄为"贤竹林"。

[7] 兰玉：芝兰、玉树。比喻佳子弟。

[8] "存侄弃儿"二句：晋朝邓攸，字伯道，官至尚书右仆射。永嘉末年，因避石勒兵乱，携儿子与侄儿逃难，途中屡屡遇险，恐难两全，乃弃去儿子，保全侄儿。后终无子。事见《晋书·良吏传·邓攸》。

[9] "视叔犹父"二句：唐朝柳公绰位高权重，侍奉叔父如同父亲。公绰死后，其子仲郢侍奉叔父柳公权也像父亲一样。

[10] "卢迈无儿"二句：卢迈无子，人劝纳妾，他拒绝说："兄弟的儿子可以主持我的后事。"

[11] "张范遇贼"二句：三国魏时，张范的儿子和侄子都被盗贼抓了去。张范请求还回孩子，盗贼还给了他的儿子。张范说："侄儿年幼，让我用儿子换回侄子吧。"盗贼受到感动，结果把两个孩子都还给了他。

师　生

　　马融设绛帐[1]，前授生徒，后列女乐[2]；孔子居杏坛[3]，贤人七十，弟子三千。称教馆曰设帐[4]，又曰振铎[5]；谦教馆曰糊口，又曰舌耕[6]。师曰西宾[7]，师席曰函丈[8]；学曰家塾，学俸曰束脩[9]。桃李在公门[10]，称人弟子之多；苜蓿长阑干[11]，奉师饮食之薄。冰生于水而寒于水,比学生过于先生;青出于蓝而胜于蓝,谓弟子优于师傅。未得及门[12],曰宫墙外望;称得秘授,曰衣钵真传[13]。人称杨震为关西夫子[14],世称贺循为当世儒宗[15]。负笈千里[16],苏章从师之殷[17];立雪程门[18],游杨敬师之至[19]。弟子称师之善教,曰如坐春风之中[20];学业感师之造成,曰仰沾时雨之化[21]。

注释

[1] 马融(79—166):东汉经学家、文学家。字季长,右扶风茂陵(今陕西省兴平东北)人。曾任校书郎等职。遍注群经。又常坐高堂,施绛纱帐,前授生徒,后到女乐。

[2] 女乐(yuè):歌舞伎。

[3] 杏坛:相传为孔子聚徒授业讲学处。

[4] 教馆:设馆教学。 设帐:言马融设帐授徒。后指设馆授徒。

[5] 振铎:本指摇铃。古代宣布政教法令时,振铎以警众。后以"振铎"指从事教职。

[6] 舌耕:旧时称以授徒讲学谋生。

[7] 西宾:旧时宾位在西,故称。常用为对家塾教师或幕友的敬称。

[8] 师席:老师的席位。 函丈:亦作"函杖"。原指讲学者与听讲者坐席之间的相距一丈。后用以指讲学的座位。

[9] 学俸:旧称教师的薪水。 束脩:亦作"束修"。十条干肉。古代入学敬师的礼物。后指学生致送教师的

酬金。

[10] 桃李：比喻栽培的后辈和所教的门生。 公门：官署，衙门。

[11] 苜蓿：一年生或多年生草本植物。豆科。旧时常用作教官的蔬菜，因此用来形容教官或学馆生活的清苦。

[12] 及门：指进入师门做弟子。

[13] 衣钵（bō）：本指佛教僧尼的袈裟与饭盂。这里引申指师传的思想、学问、技能等。

[14] 杨震（？—124）：字伯起，东汉弘农华阴（今属陕西省）人。少好学，博览群经，时称"关西孔子"。官至司徒、太尉等，后被诬罢官，自杀。

[15] 贺循（260—319）：字彦先，晋会稽山阴（今浙江省绍兴）人。博览群籍，尤精礼传。晋元帝即位，以贺循为当世儒宗。官太常、左光禄大夫。 儒宗：儒者所宗仰的学者。

[16] 笈（jí）：书箱。

[17] 苏章：字孺文，东汉扶风平陵（今陕西省咸阳西北）人。少时不远千里，负笈从师，学问博深。顺帝时因执法无私迁升并州刺史，终因摧抑豪强被免官。

[18] 立雪程门：即"程门立雪"。据《宋史》载，"（杨时）一日见程颐，颐偶瞑坐，时与游酢侍立不去。颐既觉，则门外雪深一尺矣。"后因以"程门立雪"为尊师重道的典故。

[19] 游：指游酢（1053—1123），字定夫，建州建阳（今属福建省）人。北宋学者。与杨时、吕大临、谢良佐并称程门四大弟子。 杨：指杨时（1053—1135），

字中立,南剑州将乐(今属福建省)人。北宋学者。先后学于程颢、程颐。后南归,东南学者奉为"程氏正宗"。

[20] 如坐春风:宋朝的朱光庭在汝川拜见了程颢先生,逾月而归,回家后对人说:"光庭在春风中坐了一个月。"事见《伊洛渊源录》。后因以喻与品德高尚而有学识的人相处并受熏陶。

[21] 化:教化。

朋友宾主

取善辅仁,皆资朋友;往来交际,迭为主宾。尔我同心,曰金兰[1];朋友相资,曰丽泽[2]。东家曰东主,师傅曰西宾。父所交游,尊为父执[3];己所共事,谓之同袍[4]。心志相孚[5],为莫逆;老幼相交,曰忘年。刎颈交[6],相如与廉颇[7];总角好,孙策与周瑜[8]。胶漆相投,陈重之与雷义[9];鸡黍之约,元伯之与巨卿[10]。与善人交,如入芝兰之室[11],久而不闻其香;与恶人交,如入鲍鱼之肆[12],久而不闻其臭。肝胆相照,斯为腹心之友;意气不孚,谓之口头之交。彼此不合,谓之参商;尔我相仇,如同冰炭。民之失德,干糇以愆[13];他山之石,可以攻玉[14]。落月屋梁,相思颜色[15];暮云春树,想望丰仪[16]。王阳在位,贡禹弹冠以待荐[17];杜伯非罪,左儒宁死不徇君[18]。分首判袂[19],叙别之辞;拥彗扫门[20],迎迓之敬[21]。陆凯折梅逢驿使,聊寄江南一枝春[22];王维折柳赠行人,遂唱阳关三叠曲[23]。频来无忌,乃云入幕之宾[24];不请自来,谓之不速之客。

醴酒不设，楚王戊待士之意怠[25]；投辖于井，汉陈遵留客之心诚[26]。蔡邕倒屣以迎宾[27]，周公握发而待士[28]。陈蕃器重徐稚，下榻相延[29]；孔子道遇程生，倾盖而语[30]。伯牙绝弦失子期[31]，更无知音之辈；管宁割席拒华歆[32]，谓非同志之人。分金多与，鲍叔独知管仲之贫[33]；绨袍垂爱，须贾深怜范叔之窘[34]。要知主宾联以情，须尽东南之美[35]；朋友合以义，当展切偲之诚[36]。

注释

[1] 金兰：《易·系辞上》中有"二人同心，其利断金；同心之言，其臭如兰"的句子。臭，气味。金兰，指契合的友情。

[2] 丽泽：语出《易·兑》。指两个沼泽相连。后比喻朋友互相切磋。

[3] 父执：父亲的朋友。

[4] 同袍：泛指朋友、同年、同僚、同学等。

[5] 孚：投合。

[6] 刎颈交：旧指同生死共患难的朋友。

[7] 相如：指蔺相如。战国时赵国大臣。对同朝大臣廉颇容忍谦让，使其愧悟，成为团结御侮的知交。

[8] 周瑜（175—210）：三国时吴国名将。字公谨，庐江舒县（今安徽省舒城）人。少与孙策为友。后归策，助其建立孙吴政权。孙策死，辅孙权。后病死。

[9] "胶漆相投"二句：东汉人雷义与陈重友善，二人同举孝廉，拜尚书郎，时人称赞说："胶漆自谓坚，不如雷与陈"。

[10] "鸡黍之约"二句:东汉范巨卿在他乡与其至友张元伯约定,两年后赴张家相会。二年后范果至,张杀鸡作黍以待之。事见《后汉书·独行传·范式》。

[11] 芝兰:芝,通"芷"。芷兰,芷和兰,都是有香味的草本植物。

[12] 鲍鱼:盐渍的鱼。其味腥臭。 肆:店铺,作坊。

[13] "民之失德"二句:出自《诗·小雅·伐木》。失德,丧失朋友的交谊;干糇(hóu),干粮,泛指普通的食品;愆(qiān),过错,过失。诗意是说,人们失去朋友的情意,是由于饮食待客薄情的过错。

[14] "他山之石"二句:语出《诗·小雅·鹤鸣》。诗意是说,加工玉璞要用其他山的玉石。后喻以人之长,治己之短。

[15] 颜色:面容。

[16] 想望:思慕,怀念。 丰仪:风采、仪表。

[17] "王阳在位"二句:汉代贡禹与王吉(字子阳)是好友。王吉任盖州刺史后,贡禹弹冠相庆,等待王吉推荐。事见《汉书·王吉传》。 弹冠:整冠。比喻相友善者援引出仕。"弹冠相庆"多用作贬义。

[18] "杜伯非罪"二句:周朝大臣杜伯无罪被周宣王杀害,杜伯的好友左儒不屈从宣王,冒死为杜伯争论,证明杜伯无罪。 徇:曲从,顺从。

[19] 分首:离别。 判袂(mèi):分袂,离别。

[20] 拥彗:执帚。帚用以扫除清道,古人迎候宾客,常拥彗以示敬意。

[21] 迓迓(yà):迎接。

[22] "陆凯折梅"二句：晋朝人陆凯与范晔友善，陆在江南折一枝梅花，适逢驿使，托他捎给在长安的范晔，告诉他春天已经来了。

[23] "王维折柳"二句：唐朝诗人王维送友人元二到西北边塞，折一枝杨柳送给他，并赋诗一首："渭城朝雨浥轻尘，客舍青青柳色新。劝君更进一杯酒，西出阳关无故人。"这首诗后来被称为"阳关三叠"。

[24] 入幕之宾：语出《晋书·郗超传》。晋代郗超任大司马桓温的参谋，时常在桓温的帐幕内议军情。朝廷大臣谢安说他是"入幕之宾"。

[25] "醴酒不设"二句：据《汉书·楚元王刘交传》载，西汉楚元王同穆生交好，穆生不嗜酒，每逢宴请，专设甜酒款待穆生。及王戊登位，宴请穆生不再设甜酒。穆生知道戊待士之心已经懈怠了。后以"醴酒不设"比喻对人的礼敬渐渐减弱。

[26] "投辖于井"二句：据《汉书·陈遵传》载，西汉陈遵嗜酒好客，每次聚饮，都把客人车轴两端的键（即"辖"）拔下，投入井中，客人有急事也不能回去。后以"投辖"指殷勤留客。

[27] 蔡邕倒屣迎客：东汉文学家蔡邕才学显著，宾客盈门。听说后生王粲前来拜访，蔡邕急于出迎，把鞋都穿倒了。后以"倒屣"形容热情迎客。

[28] 周公握发待士：西周政治家周公旦在沐发时，听到有人求见，便握住散乱的头发赶忙去接见。后以"握发"形容求贤心切。

[29] "陈蕃器重"二句：东汉陈蕃为豫章太守时，在郡府

不接待宾客，唯有隐士徐稚可以到公府来，并特意为他备一专用坐榻。后遂谓礼遇宾客为"下榻"。

[30] "孔子道遇"二句：据《孔子家语·致思》载，孔子去郑国，中途遇旧友程生，二人并车倾盖交谈了一整天，甚为亲密。 倾盖：车上的伞盖靠在一起。形容朋友相遇，亲切交谈。

[31] 伯牙绝弦：相传春秋时俞伯牙善弹琴，钟子期善听琴。子期死，伯牙知音难觅，遂破琴绝弦，终身不复弹琴。

[32] 管宁割席：东汉人管宁、华歆为好友。他们同席读书，有乘高官的华车经过，管宁专心读书，华歆则跑去观看。管宁割席分坐，说："我们志不相同，从此不再是朋友了。"后以"管宁割席"比喻不与其为友。

[33] "分金多与"二句：春秋时齐国的鲍叔牙与管仲是好友。管仲年轻时家贫，与鲍叔牙共同经商，鲍叔牙分红利时多分给管仲，因为他知道管仲家中贫穷。

[34] "绨袍垂爱"二句：据《史记·范雎蔡泽列传》载，战国时魏人范雎（字叔）先事魏中大夫须贾，遭其毁谤，笞辱几死。后逃秦易名仕秦为相，权势显赫。魏闻秦将东征，命须贾使秦，范雎乔装，敝衣往见。须贾不知，怜其寒而赠一绨袍。迨后知范雎即秦相，乃惶恐请罪。范雎以须贾尚有赠袍念旧之情，终宽释之。后以"绨袍"为眷念故旧之典。

[35] 东南之美：语出唐王勃《滕王阁序》。指东南人物中之佼佼者。

[36] 切偲（sī）："切切偲偲"的省略。语出《论语·子路》。亦作"切切节节"。指朋友相互敬重切磋勉励。

婚　姻

良缘由夙缔[1]，佳偶自天成。蹇修与柯人[2]，皆是媒妁之号[3]；冰人与掌判[4]，悉是传言之人[5]。礼须六礼之周[6]，好合二姓之好[7]。女嫁曰于归[8]，男婚曰完娶。婚姻论财，夷虏之道[9]；同姓不婚，《周礼》则然。女家受聘礼，谓之许缨[10]；新妇谒祖先[11]，谓之庙见[12]。文定纳采[13]，皆为行聘之名；女嫁男婚，谓了子平之愿[14]。聘仪曰雁币[15]，卜妻曰凤占[16]。成婚之日曰星期[17]，传命之人曰月老[18]。下采即是纳币[19]，合卺系是交杯[20]。执巾栉[21]，奉箕帚[22]，皆女家自谦之词；娴姆训[23]，习《内则》[24]，皆男家称女之说。绿窗是贫女之室[25]，红楼是富女之居[26]。桃夭谓婚姻之及时[27]，摽梅谓婚期之已过[28]。御沟题叶[29]，于祐始得宫娥；绣幕牵丝[30]，元振幸获美女。汉武与景帝论妇，欲将金屋贮娇[31]；韦固与月老论婚，始知赤绳牵足[32]。朱陈一村而结好[33]，秦晋两国以联姻[34]。蓝田种玉，雍伯之缘[35]；宝窗选婿，林甫之女[36]。驾鹊桥以渡河，牛女相会；射雀屏而中目，唐高得妻[37]。至若礼重亲迎，所以正人伦之始；《诗》首好逑[38]，所以崇王化之原[39]。

注释

[1] 夙缔：夙，早。夙缔，早已缔结。

[2] 蹇（jiǎn）修：亦作"蹇脩"。指媒人。　柯人：执

柯的人。指媒人。

[3] 媒妁：媒人。

[4] 冰人：媒人的代称。 掌判：媒人。

[5] 传言：传话。此指婚姻中沟通双方。

[6] 六礼：旧时婚制的六种礼仪规定，即纳采、问名、纳吉、纳征、请期、亲迎。 周：周到。

[7] 好合：美满地结合。 二姓：指缔结婚姻的男女两家。

[8] 于归：女子出嫁。

[9] 夷庑：旧时对中原以外各族的蔑称。

[10] 许缨：女方允婚收受男家的聘礼为许缨。

[11] 谒（yè）：进见，拜见。

[12] 庙见：新妇三天到夫家家庙拜谒祖宗。

[13] 文定：语出《诗·大雅·大明》。后称纳币订婚为"文定"。 纳采：古婚礼六礼之一。男方向女方送求婚礼物。

[14] "女嫁男婚"二句：据传汉人向长（字子平）在子女完婚之后感叹说："吾愿毕矣。"遂游五岳，不知所终。

[15] 雁币：雁与币帛。古时用为聘问或婚嫁时之聘礼。
聘仪：订婚的仪式。

[16] 卜妻：用占卜的方式选择妻子。 凤占：亦作"凤卜""卜凤"。春秋时齐国大夫懿仲想把女儿嫁给陈敬仲，占卜时得到"凤凰于飞，和鸣锵锵"的吉语。后因称占卜佳偶为"凤占"。

[17] 星期：指牛郎、织女相会之期。亦特指婚期。

[18] 月老：即"月下老人"。媒人的代称。

[19] 下采：男子送采礼到女家。 纳币：缔婚后，男方给女方送聘礼。

[20] 合卺（jǐn）：古代婚礼中的一种仪式。剖一瓠为两瓢，新婚夫妇各执一瓢，斟酒以饮。后多以"合卺"代称成婚。

[21] 执巾栉（zhì）：手持面巾和梳子。古时为人妻妾的谦称。

[22] 奉（pěng）箕帚：从事家内洒扫之事。谓充当妻室。

[23] 姆训：女师的训诫。

[24] 《内则》：《礼记》篇名。其中多载妇人之道。

[25] 绿窗：绿色的纱窗。指贫女的居室。

[26] 红楼：红色的楼阁。指富女的居处。

[27] 桃夭：《诗·周南·桃夭》中有"桃之夭夭，灼灼其华"的诗句。桃夭，指男女完婚正在良辰。

[28] 摽（biào）梅：《诗·召南·摽有梅》中有"摽有梅，其实七兮；求我庶士，迨其吉兮"的诗句。摽梅，指梅子成熟而落下。后以喻女子已到结婚年龄。

[29] 御沟题叶：唐僖宗时，宫女韩翠苹题诗于红叶上，由御沟流出，为士人于祐拾得；于祐也于红叶上题了一首诗，放入御沟中，又为韩氏拾得，后来二人在丞相韩泳的帮助下，终于结为夫妻。 御沟：流经宫苑的河道。

[30] 绣幕牵丝：唐朝宰相张嘉贞有五女，欲纳荆州都督郭元振为婿。命五女各持红丝于幕后。元振牵得一丝，娶了张氏最漂亮的第三女为妻。

[31] 金屋贮娇：汉景帝刘启与儿子刘彻（后为武帝）议

婚。刘彻表示如能娶表妹阿娇（景帝姊长公主之女）为妻，就用黄金作屋让她居住。事见《汉武故事》。

[32] 赤绳牵足：相传月下老人主人间婚姻，其囊中有赤绳，于冥冥之中系住男女之足，双方即注定为夫妇。事见《续玄怪录·定婚店》。

[33] 朱陈结好：亦作"朱陈之好"。谓朱陈两姓联姻的情谊。

[34] 秦晋联姻：春秋时秦晋两国世为婚姻，后因以指两姓联姻。

[35] "蓝田种玉"二句：据《搜神记》载，有人给杨雍伯一升菜子，告诉他种此可生好玉，并得佳妇。雍伯遵嘱种上菜子，并向徐氏求婚。徐氏表示要一双白玉。雍伯到所种玉田处，获得白璧五双，遂娶徐氏之女。后以此比喻缔结良姻。

[36] "宝窗选婿"二句：唐朝宰相李林甫有六女，他在堂壁开一横窗，蒙以绛纱，让女儿在这里从谒见她的人中选择佳婿。

[37] "射雀屏"二句：唐人窦毅有女貌美，为了选择佳婿，画一孔雀于屏间。令求婚者射两箭，射中孔雀眼睛者可为婿。李渊（后为唐高祖）射中二目，因娶窦女为妻。

[38] 《诗》首好逑：《诗经》首篇"关雎"中有"窈窕淑女，君子好逑"的诗句。好逑，即好配偶。

[39] 王化：天子的教化。

女　子

　　男子禀乾之刚，女子配坤之顺[1]。贤后称女中尧舜[2]，烈女称女中丈夫[3]。曰闺秀[4]，曰淑媛[5]，皆称贤女；曰闺范[6]，曰懿德，并美佳人。妇主中馈[7]，烹治饮食之名；女子归宁[8]，回家省亲之谓。周家母仪[9]，太王有周姜[10]，王季有太任[11]，文王有太姒[12]；三代亡国[13]，夏桀以妹喜[14]，商纣以妲己[15]，周幽以褒姒[16]。兰蕙质[17]，柳絮才[18]，皆女人之美誉；冰雪心[19]，柏舟操[20]，悉孀妇之清声。女貌娇娆，谓之尤物[21]；妇容妖媚，实可倾城[22]。潘妃步朵朵莲花[23]，小蛮腰纤纤杨柳[24]。张丽华发光可鉴[25]，吴绛仙秀色可餐[26]。丽娟气馥如兰[27]，呵气结成香雾；太真泪红于血[28]，滴时更结红冰。孟光力大[29]，石臼可擎；飞燕身轻[30]，掌上可舞。至若缇萦上书而救父[31]，卢氏冒刃而卫姑[32]，此女之孝者。侃母截发以延宾[33]，村媪杀鸡而谢客[34]，此女之贤者。韩玖英恐贼秽而自投于秽[35]，陈仲妻恐陨德而宁陨于崖[36]，此女之烈者。王凝妻被牵[37]，断臂投地；曹令女誓志[38]，引刀割鼻，此女之节者。曹大家续完汉帙[39]，徐惠妃援笔成文[40]，此女之才者。戴女之练裳竹笥[41]，孟光之荆钗裙布，此女之贫者。柳氏秃妃之发[42]，郭氏绝夫之嗣[43]，此女之妒者。贾女偷韩寿之香[44]，齐女致袄庙之毁[45]，此女之淫者。东施效颦而可厌[46]，无盐刻画以难堪[47]，此女之丑者。自古贞淫各异，人生妍丑不齐[48]。

注释

　　[1]　乾、坤：均为《易》卦名。

[2] 尧舜：古史传说中的圣明君主。

[3] 烈女：古指重义轻生的女子。

[4] 闺秀：大户人家有才德的女儿。多指未婚者。

[5] 淑媛：贤良美好的女子。

[6] 阃（kǔn）范：妇女的道德规范。

[7] 中馈：指家中供膳诸事。

[8] 归宁：已嫁女子回娘家探望父母。

[9] 周家：指周朝。　母仪：人母的仪范。多用于皇后。

[10] 太王：指周太王。古代周族领袖，周文王的祖父。周武王即位，追尊为太王。　周姜：即太姜。周太王之妃姜氏。相传一生无过失。

[11] 王季：名季历。西周太王之子。周文王之父。周武王即位，追尊为王季。　太任：任姓。西周王季之妃，周文王之母。性端一，重德行，善胎教。

[12] 文王：指周文王。　太姒：姒姓。周文王妻，周武王母。仁而明道，旦夕勤劳以尽妇道。

[13] 三代：指夏、商、周。

[14] 妹（mò）喜：有施氏之女。夏桀宠妃。

[15] 妲（dá）己：有苏氏之女，姓己名妲。商纣的宠妃。周武王灭商时被杀。

[16] 周幽：即周幽王（？—前771）。西周国王。姬姓，名宫涅。周宣王子。公元前781—前771年在位。西周的末代国王，被杀于骊山。　褒姒：褒国人，姓姒。周幽王宠妃。继而立为后。幽王被杀时，被俘。

[17] 兰蕙质：兰蕙，两种香草。兰蕙质，比喻女子淑美善良的气质。

[18] 柳絮才：东晋女诗人谢道韫聪慧有才华，曾以"柳絮因风起"的诗句比拟雪花飞舞，其叔父谢安大加赞赏，后世称为"咏絮才"。

[19] 冰雪心：如冰之坚、如雪之洁的心愿。旧时赞寡妇不肯改嫁的坚贞之心。

[20] 柏舟操：亦作"柏舟节"。柏舟，指柏木造的船。柏舟操，旧称丈夫死后不肯改嫁的节操。

[21] 尤物：指绝色美女。有时含有贬义。

[22] 倾城：旧时形容女子极其美丽。

[23] 步步生莲花：南朝南齐东昏侯萧宝卷因以在宫中为其宠妃潘玉儿造金莲贴地，令其步其上，称谓"步步生莲花"。

[24] 小蛮：唐朝诗人白居易的舞伎。腰细。白居易曾为其写有"杨柳小蛮腰"的诗句。

[25] 张丽华：南朝陈后主的宠妃。相传秀发长七尺，其光彩如镜子一般。隋军破建康，他从后主匿井中，被杀。

[26] 吴绛仙：隋炀帝的宠妃。炀帝对内侍说："古人谓秀色可餐，若绛仙者，可以疗饥矣。"

[27] 丽娟：汉光武帝的宫女。

[28] 太真：指杨太真，小字玉环。唐玄宗宠妃。

[29] 孟光：东汉梁鸿之妻。据传，貌丑，力大，可举石臼。

[30] 飞燕：指赵飞燕。西汉成帝妃。因体轻，号曰"飞燕"。传说可于手中起舞。

[31] 缇萦上书救父：缇萦是西汉著名医学家淳于意的女

儿。汉文帝时,其父为太仓令,因为人所告下狱,缇萦上书文帝,愿入宫为婢,以赎父刑。旧时把她作为宣传封建孝道的榜样。

[32] 卢氏:唐朝郑义宗之妻。以孝著称。相传面对强盗入室行劫,她迎刃保护年迈的婆母。

[33] 侃母截发延宾:东晋陶侃少时家贫。一日郡孝廉范逵往访,其母湛氏剪掉长发换酒食款待客人。

[34] 村媪:汉朝柏谷村的一位老媪。以贤明闻名。相传武帝一次微行,夜至柏谷村时,村民怀疑是盗,就要捉拿,她慧眼识人,上前制止,并杀鸡置酒款待。

[35] 韩玖英:指汉朝韩仲成的女儿。重贞洁。 自投于秽:自投于污物(此指粪坑)之中。

[36] 陨:第一个"陨"作"败坏"解;第二个"陨"作"坠落"解。

[37] 王凝妻:五代虢州司户王凝妻李氏。性贞烈刚强。

[38] 曹令女:三国魏曹文叔妻,夏侯文宁女。性贞烈刚强。相传她早年守寡,其父劝其改嫁,为表示终生从夫的决心,她便拿刀割去鼻子。

[39] 曹大家(gū):即班昭(约49—约120)。东汉史学家。名姬,字惠班,扶风安陵(今陕西省咸阳东北)人。班固之妹。因其夫为曹世叔,世称曹大家。早年守寡,继承哥哥班固遗愿,续完《汉书》。著有《东征赋》《女诫》等。

[40] 徐惠:唐朝人。徐孝德之女。相传八岁援笔为文,后被唐太宗立为妃。

[41] 戴女:指东汉戴良的五个女儿。皆俭朴有才德。相传

五个女儿择婿不问贵贱，贤德为尚，布衣竹箱做嫁妆。

[42] 柳氏：唐朝尚书任瓌之妻。性忌妒。相传唐太宗赐任瓌两个美女，柳氏生妒心，弄秃两个美女的秀发。

[43] 郭氏：晋朝贾充之妻。妒妇。相传郭氏无端怀疑丈夫与其子乳母有私，便杀死了乳母。儿子思乳母死去，使贾家绝了后。

[44] 贾女偷香：晋朝贾充之女与韩寿私通。贾家有晋武帝所赐异香，为外国所贡。贾女窃香与韩寿，贾充闻香而察其事，遂嫁女与韩寿。

[45] 祆（xiān）庙之毁：指北齐公主与乳母陈氏子私通，相约元旦在祆庙相会，齐女投环焚毁祆庙及陈氏子的故事。

[46] 东施效颦：越国美女西施因心痛病而捧心皱眉，同村丑女东施认为很美，也硬性模仿，反倒使她更丑了。后因以"东施效颦"嘲讽不顾本身条件而一味模仿，以致效果很坏的人。

[47] 无盐：亦称"无盐女"。即战国时齐宣王后钟离春。因是无盐人，故称。其人有德而貌丑。后常用为丑女的代称。

[48] 妍（yán）丑：美和丑。

外　戚

帝女乃公侯主婚[1]，故有公主之称；帝婿非正驾之车[2]，乃是驸马之职[3]。郡主、县君[4]，皆宗女之谓[5]；仪宾、国宾[6]，皆宗婿之称。旧好曰通家[7]，好亲曰懿戚。冰清玉润[8]，丈人女婿同荣；泰水泰山[9]，岳母岳父两号。新婿曰娇客[10]，贵婿曰乘龙[11]；赘婿曰馆甥[12]，贤婿曰快婿[13]。凡属东床[14]，俱称半子。女子号门楣[15]，唐贵妃有光于父母；外甥称宅相[16]，晋魏舒期报于母家。共叙旧姻，曰原有瓜葛之亲；自谦劣戚，曰忝在葭莩之末[17]。大乔小乔[18]，皆姨夫之号；连襟连袂[19]，亦姨夫之称。蒹葭倚玉树[20]，自谦借戚属之光；茑萝施乔松[21]，自幸得依附之所。

注释

[1] 公侯：公爵与侯爵。 主婚：主持婚姻。帝女由公侯同姓者主持婚姻。

[2] 正驾：正面居中的车驾。

[3] 驸马：驾副车的马。汉置驸（副）马都尉，原为近侍官之一。魏晋以后，皇帝的女婿照例加此称号，简称附马，非实官。后即用称皇帝的女婿。

[4] 郡主、县君：周制，天子同姓诸侯之女，由郡县为之主婚，故称郡主、县君。

[5] 宗女：君主同宗的女儿。即宗室之女。

[6] 仪宾、国宾：在王府作宾的意思。明代称亲王、郡王的女婿。

[7] 通家：世代有交往。亦指姻亲。

[8] 冰清玉润：像冰一样清洁，像玉一样光润。比喻人品高洁。

[9] 泰水：旧称岳母为泰水。因称岳父为泰山而推之。

泰山：东岳泰山上有丈人峰，因称岳父为泰山。

[10] 娇客：对女婿的爱称。

[11] 乘龙：比喻好女婿。

[12] 赘婿：指就婚、定居于女家的男子。　馆甥：语出《孟子·万章下》。馆，留宿的意思；甥，指女婿。后因称女婿为"馆甥"。

[13] 快婿：称心如意的女婿。

[14] 东床：即王羲之东床坦腹选婿的故事。后用"东床"称女婿。

[15] 门楣：亦作"门眉"。门框上端的横木。唐玄宗册立杨贵妃时，有歌谣说："男不封侯女作妃，君看女郎为门楣。"后以"门楣"指能光大门第的女儿。

[16] 宅相：外甥的代称。出于晋代孤儿魏舒舅宅出贵甥的故事。

[17] 忝（tiǎn）：谦词。羞辱，有愧于。　葭莩（jiā fú）：芦苇里的薄膜。比喻亲戚关系疏远淡薄。

[18] 大乔、小乔：三国吴国乔公的两个女儿，容貌极美。大乔嫁给孙策，小乔嫁给周瑜。

[19] 连襟、连袂（mèi）：姊妹丈夫的互称或合称。

[20] 蒹（jiān）葭：两种价值低贱的水草。因喻微贱。
玉树：珊瑚。喻富贵。

[21] 茑（niǎo）萝：一年生草本植物。茎细长、缠绕。施（yì）：延伸。　乔松：高大的松树。

老幼寿诞

不凡之子,必异其生[1];大德之人,必得其寿。称人生日,曰初度之辰;贺人逢旬[2],曰生申令旦[3]。三朝洗儿[4],曰汤饼之会;周岁试周[5],曰晬盘之期[6]。男生辰曰悬弧令旦[7],女生辰曰设帨佳辰[8]。贺人生子,曰嵩岳降神[9];自谦生女,曰缓急非益[10]。生子曰弄璋[11],生女曰弄瓦[12]。梦熊梦罴,男子之兆;梦虺梦蛇,女子之祥。梦兰叶吉[13],郑文公妾生穆公之奇;英物称奇,温峤闻声知桓温之异[14]。姜嫄生稷[15],履大人之迹而有娠;简狄生契[16],吞玄鸟之卵而叶孕。麟吐玉书[17],天生孔子之瑞;玉燕投怀[18],梦孕张说之奇。弗陵太子[19],怀胎十四月而始生;老子道君[20],在孕八十一年而始诞。晚年得子,谓之老蚌生珠[21];暮岁登科[22],正是龙头属老[23]。贺男寿曰南极星辉[24],贺女寿曰中天婺焕[25]。松柏节操,美其寿元之耐久[26];桑榆晚景,自谦老景之无多。矍铄称人康健,聩眊自谦衰颓[27]。黄发兒齿[28],有寿之征;龙钟潦倒,年高之状。日月逾迈[29],徒自伤悲;春秋几何,问人寿算[30]。称少年曰春秋鼎盛,羡高年曰齿德俱尊[31]。行年五十[32],当知四十九年之非;在世百年,那有三万六千日之乐。百岁曰上寿,八十曰中寿,六十曰下寿;八十曰耋[33],九十曰耄[34],百岁曰期颐[35]。童子十岁就外傅[36],十三舞勺[37],成童舞象[38];老者六十杖于乡,七十杖于国,八十杖于朝[39]。后生固为可畏,而高年尤是当尊。

注释

[1] 异:奇特,不平常。

[2] 逢旬：指逢十的诞辰。

[3] 生申：指周朝贤臣申伯诞生之日。后为生日之祝词。令旦：吉日，好日子。

[4] 三朝洗儿：旧俗婴儿出生三日（或满月）洗身，以除污垢。

[5] 试周：亦称"试儿""抓周"。旧俗婴儿周岁时，父母出列各小件器物，任其抓取，以试测小儿未来的志趣。

[6] 晬（zuì）盘：抓周盛物之盘曰"晬盘"。借指婴儿周岁。

[7] 悬弧：古代风俗尚武，家中生男孩，则在门左挂弓一张，后因称生男为"悬弧"。

[8] 设帨（shuì）：古礼，女孩出生，于房门右挂佩巾，后因称生女为"设帨"。

[9] 嵩岳：中岳嵩山。 降神：神灵降临凡世。

[10] 缓急非益：有急难之事时没有人帮助。

[11] 弄璋：璋，玉器。预祝所生男孩长大执玉器为王侯。后称生男为"弄璋"。

[12] 弄瓦：瓦，纺砖，古代妇女纺织所用。后称生女为"弄瓦"。

[13] 梦兰：春秋时郑国宫女燕姞，梦见天使绶予自己兰花，因而侍寝郑文公，并受孕生郑穆公。

[14] "英物称奇"二句：东晋桓温出生不久，温峤听到他的啼哭声与一般婴儿不同，便说："真英物也。"其父因温峤称赏，故为其取名桓温。 英物：杰出的人物。

[15] 姜嫄：一作姜原。周族始祖后稷之母。有邰氏之女。神话传说她在荒野踏到巨人足迹，怀孕生后稷。

稷：指后稷。古代周族的始祖。因出生后一度被弃，故名弃。善种植，被周族称为开始种稷和麦的人。

[16] 简狄：一作简逷。传说中商代祖先契的母亲。有娀氏之女，帝喾之妻。神话传说她吞玄鸟（燕）卵怀孕而生契。　契（xiè）：亦作偰、高。传说中商的始祖。因助禹治水有功，被舜任为司徒，掌管教化。

[17] 麟：麒麟。古代传说中的一种动物。形状像鹿，头上有角，全身有麟甲，尾像牛尾。古人以为仁兽、瑞兽，用它象征祥瑞。　玉书：表示祥瑞的书简。

[18] 玉燕投怀：玉燕，传说中预兆生贵子的白燕。相传唐朝宰相张说之母，梦有一玉燕自东南飞来，投入怀中，怀孕而生张说，后果为宰相。

[19] 弗陵太子：汉武帝的儿子。武帝妃赵婕妤怀孕十四个月而生。后封为太子。

[20] 老子：春秋时思想家，道家的创始人。姓李，名耳，字伯阳，楚国苦县（今河南省鹿邑东）人。曾任过周朝管理藏书的史官。著有《老子》。神话传说其母怀孕八十一年而生，生即白首，故曰老子。

[21] 老蚌生珠：喻人有贤子。亦称颂人老而得子。

[22] 暮岁：晚年。　登科：科举时代考试被录取。此指考中状元。

[23] 龙头属老：龙头，状元的别称。相传北宋梁颢八十二岁状元及第，其登科谢恩诗云："也知少年登科好，怎奈龙头属老成。"其实梁颢二十三岁中状元，四十

一岁暴病而卒。

[24] 南极星：星名。即南极老人星。旧时以为此星主寿，故常用于祝寿。

[25] 婺（wù）：星宿名。即女宿。旧时用作对女人的颂辞。 焕：焕发光彩。

[26] 寿元：寿命，寿数。

[27] 聩眊（kuì mào）：耳聋眼花。

[28] 兒（ní）齿：兒，通"齯"。兒齿，老人齿落后更生的细齿。

[29] 日月逾迈：日月前行。谓时光流逝。

[30] 寿算：寿数，年寿。

[31] 齿德：指年龄与德行。

[32] 行年：经过的年岁。指当时的年龄。 非：过失。

[33] 耋（dié）：八十曰耋。泛指老年。

[34] 耄（mào）：大约九十岁的年纪。指高龄。

[35] 期颐：一百岁。

[36] 外傅：古代贵族子弟至一定年龄出外就学，所从之师称外傅。与内傅相对。

[37] 勺（zhuó）：古代乐舞名。相传为周公所作。

[38] 象：古代乐舞名。

[39] 杖乡、杖国、杖朝：均为古代尊老礼制。据《礼记·王制》载："五十杖于家，六十杖于乡，七十杖于国，八十杖于朝。"是说五十岁可以挂杖行于家，六十岁可以挂杖行于乡里，七十岁可以挂杖行于都邑、国都，八十岁可以挂杖出入朝廷。

身　体

百体皆血肉之躯[1]，五官有贵贱之别。尧眉分八彩[2]，舜目有重瞳[3]。耳有三漏[4]，大禹之奇形；臂有四肘[5]，成汤之异体。文王龙颜而虎眉[6]，汉高斗胸而隆准[7]。孔圣之顶若圩[8]，文王之胸四乳。周公反握[9]，作兴周之相；重耳骈胁[10]，为霸晋之君。此皆古圣之英姿，不凡之贵品。至若发肤不可毁伤，曾子常以守身为大；待人须当量大，师德贵于唾面自干[11]。谗口中伤[12]，金可铄而骨可销[13]；虐政诛求[14]，敲其肤而吸其髓。受人牵制曰掣肘，不知羞愧曰厚颜。好生议论，曰摇唇鼓舌；共话衷肠，曰促膝谈心。怒发冲冠[15]，蔺相如之英气勃勃；炙手可热[16]，唐崔铉之贵势炎炎[17]。貌虽瘦而天下肥，唐玄宗之自谓；口有蜜而腹有剑，李林甫之为人[18]。赵子龙一身都是胆[19]，周灵王初生便有须[20]。来俊臣注醋于囚鼻[21]，法外行凶；严子陵加足于帝腹[22]，忘其尊贵。久不屈兹膝，郭子仪尊居宰相[23]；不为米折腰，陶渊明不拜吏胥[24]。断送老头皮，杨璞得妻送之诗[25]；新剥鸡头肉，明皇爱贵妃之乳[26]。纤指如春笋[27]，媚眼若秋波[28]。肩曰玉楼[29]，眼名银海[30]；泪曰玉箸[31]，顶曰珠庭[32]。歇担曰息肩，不服曰强项[33]。丁谓与人拂须[34]，何其诌也；彭乐截肠决战[35]，不亦勇乎。剜肉医疮，权济目前之急；伤胸扪足[36]，计安众士之心。汉张良蹑足附耳[37]，东方朔洗髓伐毛[38]。尹继伦，契丹称为黑面大王[39]；博尧俞，宋后称为金玉君子[40]。土木形骸，不自妆饰[41]；铁石心肠，秉性坚刚[42]。叙会晤曰得挹芝眉[43]，叙契阔曰久违颜范[44]。请女客曰奉迓金莲[45]，邀亲友曰敢攀玉趾[46]。侏儒谓人身矮[47]，魁梧称人貌奇。龙章凤姿[48]，廊庙之彦[49]；獐头鼠目[50]，草野之夫[51]。恐惧过甚，曰畏首畏尾；感佩不忘[52]，曰刻骨铭心。貌丑曰不扬[53]，貌美曰冠玉[54]。足跛曰蹒跚，耳聋曰重听[55]。期期艾艾[56]，口讷之称[57]；喋喋便便[58]，多言之状。可嘉者小心翼翼，可鄙者大言不惭。腰细曰柳腰，身小曰鸡肋[59]。笑人齿缺，曰狗窦大开[60]；讥人不决，曰鼠首偾事[61]。口中雌黄[62]，言事而多改移；皮里春秋[63]，胸中自有褒贬。唇亡齿寒，谓彼此之失依；足上首下，谓尊卑之颠倒。所为得意，曰吐气扬眉；待人诚心，曰推心置腹。心慌曰灵台乱[64]，醉倒曰玉山颓[65]。睡曰黑甜[66]，卧曰息偃[67]。口尚乳臭，谓世人年少无知；三折其肱[68]，谓医士老成谙练。西子捧心[69]，俞见增妍；丑妇效颦，弄巧反拙。慧眼始知道骨[70]，肉眼不识贤人[71]。婢膝奴颜，谄容可厌；胁肩谄笑，媚态难堪。忠臣披肝，为君之药；妇人长舌，为厉之阶[72]。事遂心曰如愿，事可愧曰汗颜[73]。人多言曰饶舌，物堪食曰可口。泽及枯骨[74]，西伯之深仁[75]；灼艾分痛，宋祖之友爱[76]。唐太宗为臣疗病，亲剪其须[77]；颜杲卿骂贼不绝，贼断其舌[78]。不较横逆，曰置之度外；洞悉房情[79]，曰已入掌中。马良有白眉，独出乎众[80]；阮籍作青眼，厚待乎人[81]。咬牙封雍齿，计安众将之心[82]；含泪斩丁公，法正叛臣之罪[83]。掷果盈车，潘安仁美姿可爱[84]；投石满载，张孟阳丑态堪憎[85]。求物济用，谓燃眉之急；悔事无成，曰噬脐何及[86]。情不相关，如秦越人之视肥瘠[87]；事当探本，如善医者只论精神。无功食禄，谓之尸位素餐[88]；谫劣无能[89]，谓之行尸走肉。老当益壮，宁知白首之心；穷且益坚[90]，不坠青云之志。一息尚存，此志不容少懈；十手所指[91]，此心安可自欺。

注释

[1] 百体：指人体的各个部分。

[2] 尧眉：唐尧的眉毛。 八彩：亦作"八采"。一说尧眉有八种色彩；一说尧眉分成八字，且有光彩。

[3] 舜目：虞舜的眼睛。 重（chóng）瞳：重瞳子。即两个瞳子。

[4] 三漏：三个孔穴。

[5] 四肘：四个肘臂节。

[6] 文王：指周文王。

[7] 汉高：指汉高祖刘邦。 斗胸：胸部隆起如斗状。旧言此为圣君之象。 隆准：高鼻子。

[8] 顶若圩（yú）：圩，凹形田地。顶若圩，指头顶凹陷。

[9] 反握：手可反转握物。

[10] 重耳：即晋文公（前697—前628），名重耳。春秋时晋国国君。公元前636—前628年在位。即位后，整顿内政，增强军队，平定内乱，使国力强盛，成为春秋五霸之一。 并胁：肋骨相连为一骨。

[11] 师德：指娄师德（630—699），字宗人，唐郑州原武（今河南省原阳）人。曾任监察御史。后应诏从军，参加对吐蕃的战争。公元693年升任同凤阁鸾台平章事，掌管朝政。 唾面自干：唐朝娄师德之弟被委任代州刺史，临行前，师德教弟要大度待人时说："有人唾面，让其自干。"后以"唾面自干"形容受辱不加反抗。

[12] 谮口：以坏话谮人。

[13] 金铄：金子被火所熔化。 骨销：骨体被销熔。

[14] 诛求：强索搜刮。

[15] 怒发冲冠：头发直竖，顶起帽子。形容盛怒。

[16] 炙手可热：一接触就感到烫手。比喻权势气焰之盛。

[17] 崔铉：字台硕，博州人。唐朝高官。封魏国公。卒于官。　贵势：位高有权势。　炎炎：权势煊赫的样子。

[18] 李林甫：唐朝奸相。在职十七年，权势甚盛，政事败坏。对人表面支持，而暗加陷害，人称"口蜜腹剑"。

[19] 赵子龙：即赵云（？—229），字子龙，三国常山真定（今河北省正定南）人。蜀汉大将。曾以数十骑拒曹操大军，被誉为"一身是胆"。

[20] 周灵王：东周国王。名泄心。生而有须。在位二十七年。谥"灵"。

[21] 来俊臣：唐朝酷吏。雍州万年（今陕西省西安）人。专用酷刑逼供，前后被其族杀冤死者千余家。每审囚，必注醋于鼻。后因谋反被处死。

[22] 严子陵：即东汉隐士严光，字子陵。曾与汉光武帝刘秀同学。刘秀即位，严光隐居，多次聘请，二人才会面，夜晚共卧一床，严光把脚搭在光武帝的肚子上。

[23] "久不屈膝"二句：唐朝的田承嗣据有魏地，已有十年不屈膝。唐宰相郭子仪遣使至魏，闻听郭子仪大名，承嗣西望拜之。

[24] "不为米"二句：晋人陶渊明任彭泽县令，在官八十日，郡官至，县吏让陶束带迎接。陶说："我岂为五斗米折腰向乡里小儿。"当即解下印绶，辞官归隐，显示出陶令千古高洁。

[25] "断送老头皮"二句：宋代隐士杨璞被真宗召至京城，临行时其妻作诗送之，其中有"今日捉将宫里去，这

回断送老头皮"的诗句。真宗得知,将杨放归。

老头皮:对老年男子的戏称。

[26] "新剥鸡头肉"二句:杨贵妃出浴池,对镜施粉,腰裙边露出一乳,唐明皇(玄宗)抚摸着说:"软温新剥鸡头肉"。 鸡头肉:芡实的别名。借指妇女的乳房。

[27] 纤指:指女子柔细的手指。

[28] 媚眼:指女子娇媚动人的眼睛。

[29] 玉楼:道教语。指肩。

[30] 银海:道教、医家称人的眼睛。

[31] 玉箸:玉制的筷子。比喻女子的眼泪。

[32] 珠庭:饱满的天庭。星相家以为主贵之相。

[33] 强项:刚正不为威武所屈。

[34] 丁谓与人拂须:北宋丁谓被宰相寇准荐为参知政事,事寇甚恭。一次与寇同桌用餐,菜羹弄污了寇准的胡须,丁谓起而为其拭须,受到寇准嘲笑。

[35] 彭乐截肠决战:北朝北齐大将彭乐,与周文作战腹部受伤,肠子拖出,他用刀截断肠子,继续作战。

[36] 伤胸扪足:汉高祖刘邦与项羽争霸时,被敌箭射中了胸部,为了安定将士之心,刘邦故意以手摸足。

[37] "汉张良"句:韩信平齐后,要求刘邦封他为假齐王。刘邦大怒,张良用踩刘邦的脚的办法,附耳私言,示意刘邦答应韩信要求。

[38] 东方朔洗髓伐毛:西汉太中大夫东方朔,性诙谐滑稽。传说他在海边遇一黄眉老翁,自称不吃饭只吞毛,有九千多年了,经过了三次洗髓,五次伐毛。可

见黄眉老翁道术之深。

[39] "尹继伦"二句：北宋太宗即位后，契丹人入侵，宋黑面将军尹继伦大败契丹。契丹兵卒望风溃逃，相互告诫："赶快避开这个黑面大王！"

[40] "傅尧俞"二句：北宋中书侍郎傅尧俞耿直正派，上朝直言奏事，被太后赞为"金玉君子"。

[41] "土木形骸"二句：据《晋书·嵇康传》载，晋人嵇康身高七尺八寸，容貌端庄，不加修饰，天质自然。人称其虽土木形骸而龙章凤姿。后因以"土木形骸"比喻人不加修饰的本来面目。

[42] 铁石心肠：犹言铁打心肠。唐朝宰相宋璟为人正直，人称其"贞姿劲质，铁石心肠"。

[43] 挹：通"揖"。 芝眉：眉宇有芝采。古人以为贵相。后用作称人容颜的敬辞。

[44] 契阔：久别的情愫。 颜范：容颜风范。古人认为有德之人容颜可为模范，故称。 久违：久别重逢。

[45] 奉迓（yà）：敬辞。迎接。 金莲：此指女子步态之美。

[46] 玉趾：对人脚步的敬称。

[47] 侏儒：身材异常短小的人。

[48] 龙章凤姿：形容风采不凡。

[49] 廊庙：此指朝廷。 彦：贤士，俊才。

[50] 獐头鼠目：形容人的面目猥琐、心术不正。

[51] 草野：乡间，民间。与"朝廷"相对。

[52] 感佩：感动于心，永不忘怀。

[53] 不扬：容貌丑陋。

[54] 冠玉：装饰帽子的美玉。多用以形容男子的美貌。

[55] 重（zhòng）听：听觉迟钝，耳聋。

[56] 期期艾艾：西汉周昌口吃，一说话就重复说"期期"；蜀汉邓艾口吃，一开头就"艾艾"。后因以"期期艾艾"形容人口吃结巴。

[57] 口讷（nè）：亦作"口呐"。说话迟钝。

[58] 便便（pián pián）：同"辩辩"。形容善于言谈。

[59] 鸡肋：鸡的肋骨。比喻身体瘦小单薄。

[60] 狗窦：狗洞。戏称缺齿状。

[61] 鼠首：即"首鼠两端"。鼠性多疑，出穴一进一退，不能自决。形容办事迟疑不决。偾（fèn）事：败事。

[62] 口中雌黄：随口更改言论，如用雌黄蘸笔，涂改错字。

[63] 皮里春秋：《春秋》，相传为孔子所修，意含褒贬。借指评论。皮里春秋，指藏在心里不说出来的评论。

[64] 灵台：心的别称。

[65] 玉山颓：玉山，喻俊美的仪容。玉山颓，形容人酒醉躺倒的姿态。

[66] 黑甜：形容酣睡。

[67] 息偃：息，安息。

[68] 三折其肱（gōng）：语出《左传·定公十三年》。肱，手臂。这句是说多次折断手臂，就能懂得医治的方法。后多喻对某事富有经验，自能造诣精深。谙（ān）练：熟练，有经验。

[69] 西子捧心：西施有心痛病，常手捂胸口。

[70] 道骨：修道者的气质。

[71] 肉眼：指凡人的眼睛。

[72] 厉：灾祸，祸患。

[73] 汗颜：脸上出汗。形容羞愧。

[74] 泽及枯骨：恩泽施及死去的人。形容恩情深厚。

[75] 西伯：即周文王。相传文王凿池时发现了枯骨，就命官吏们埋葬好。天下人闻知称赞说："西伯泽及枯骨，况于人乎？"

[76] 宋祖：即宋太祖赵匡胤。

[77] "唐太宗"二句：唐朝大将李勣患病，太宗听说服龙须灰可医，便剪下了自己的胡须为李勣调药，治好了他的病。

[78] "颜杲卿"二句：唐朝常山太守颜杲卿被安史叛军逮捕，他大骂叛贼，激怒安禄山。安禄山对其施割舌酷刑，后喷血而死。

[79] 虏情：敌情。

[80] "马良有白眉"二句：据《三国志·蜀志·马良传》载，三国蜀汉侍中马良，兄弟五人皆有才华。乡里为之谚曰："马氏五常，白眉最良"。马良眉中有白毛，故以称之。

[81] "阮籍作青眼"二句：晋人阮籍看人能用青白眼，见庸俗之辈用白眼看，以示轻蔑；见仁德之士才用青眼看，以示宽厚。

[82] "咬牙封雍齿"二句：汉高祖大封诸侯时，为稳定时局，安定人心，从张良计，违心地封叛而复归的将领雍齿为什方侯，使群臣大悦。

[83] "含泪斩丁公"二句：楚汉战争时，项羽部将丁公在彭城围困了刘邦，丁公未杀刘邦；后来丁公谒见刘邦，刘邦认为他为臣不忠，便将他斩首。

[84] "掷果盈车"二句：据《晋书·潘岳传》载，西晋潘岳（字安仁），貌至美，少时出游，妇女都掷果子给他，于是满载而归。

[85] "投石满载"二句：晋人张孟阳容貌丑陋，每外出，小孩子们都向他投以砖瓦石块，常常懊恼而返。

[86] 噬（shì）脐：自咬腹脐。喻后悔不及。

[87] 秦越：春秋时秦在西北，越在东南，相距甚远，互不相关。 肥瘠：肥瘦。比喻生活的贫富。

[88] 尸位素餐：形容居位食禄而不尽职。

[89] 谫（jiǎn）劣：浅薄低劣。

[90] 穷且益坚：处境越困顿，意志愈坚定。

[91] 十手所指：亦作"十手争指"。指人如有不善，众人争相指责。

衣　　服

冠称元服[1]，衣曰身章[2]。曰弁曰冔曰冕[3]，皆冠之号；曰履曰舃曰屣[4]，悉鞋之名。上公命服有九锡[5]，士人初冠有三加[6]。簪缨缙绅[7]，仕宦之称；章甫缝掖[8]，儒者之服。布衣即白丁之谓[9]，青衿乃生员之称[10]。葛屦履霜[11]，诮俭啬之过甚；绿衣黄里[12]，讥贵贱之失伦。上服曰衣，下服曰裳；衣前曰襟，衣后曰裾[13]。敝衣曰褴褛，美服曰华裾。襁褓乃小儿之衣[14]，弁髦亦小儿之饰[15]。左衽是夷狄之服[16]，短后是武夫之衣[17]。尊卑失序，如冠履倒置；富贵不归[18]，如锦衣夜行。狐裘三十年，俭称晏子[19]；锦幛四十里[20]，富羡石崇。孟尝君珠履三千客[21]，牛僧孺金钗十二行[22]。千金之裘，非一狐之腋；绮罗之辈，非养蚕之人。贵者重裀叠褥[23]，贫者裋褐不完[24]。卜子夏甚贫[25]，鹑衣百结[26]；公孙弘甚俭[27]，布被十年。南州冠冕，德操称庞统之迈众[28]；三河领袖，崔浩羡裴骏之超群[29]。虞舜制衣裳，所以命有德[30]；昭侯藏敝袴[31]，所以待有功[32]。唐文宗袖经三浣[33]，晋文公衣不重裘。衣履不敝，不肯更为，世称尧帝；衣不经新，何由得故，妇劝桓冲[34]。王氏之眉贴花钿[35]，被韦固之剑所刺；贵妃之乳服诃子[36]，为禄山之爪所伤。姜氏禽和[37]，兄弟每宵同大被；王章未遇[38]，夫妻寒夜卧牛衣。缓带轻裘，羊叔子乃斯文主将[39]；葛巾野服[40]，陶渊明真陆地神仙[41]。服之不衷[42]，身之灾也；缊袍不耻[43]，志独超欤。

注释

[1] 元服：指帽子。"元"即"首"，帽子为"首"所着，故称"元服"。

[2] 身章：表明贵贱身份的服饰。

[3] 弁（biàn）：古代男子穿礼服时所戴的帽子。
冔（xǔ）：殷代的帽子。　冕：古代帝王、诸侯、卿大夫所戴的礼帽。后专指皇冠，故登王位叫加冕。相传黄帝始作冕。

[4] 履：单底的鞋。　舃（xì）：复底的鞋。
屣（xǐ）：鞋子。

[5] 上公：泛指高官显爵。　命服：古代官员按等级官序

所穿的礼服。 九锡：古代天子赐给诸侯、大臣的九种器物，是一种最高礼遇。

[6] 初冠：古代男子年满二十始行冠礼，表示已成年。三加：古代男子行加冠礼，初加缁布冠，次加皮弁，再加爵弁，称为"三加"。

[7] 簪缨：古代官吏的冠饰。此代指官吏。

[8] 章甫：亦作"章父"。商代的一种冠。 缝掖：亦作"缝腋"。古代儒者穿的大袖单衣。

[9] 白丁：平民，没有功名的人。

[10] 青衿（jīn）：青色交领的长衫。古代学子的常服。

[11] 葛屦（jù）：用葛草编成的鞋。

[12] 绿衣黄里：古人以黄色为正色，绿色为间色。间色为衣，正色为里，比喻尊卑倒置、贵贱失所。

[13] 裾（jū）：衣服的后幅。

[14] 襁褓：背负婴儿用的宽带和包裹婴儿的被子。

[15] 弁髦：弁是黑布做的帽子；髦是童子的垂发。弁髦是指束住小儿头发的黑布帽子。

[16] 左衽（rèn）：衽，衣襟。左衽，衣襟向左。指我国古代某些少数民族的服装。 夷狄：古代对东方和北方异族的贬称。

[17] 短后：即短后衣。后幅较短的上衣，便于活动，多为武士之衣。

[18] 归：指返归故乡。

[19] 狐裘：狐皮制的外衣。相传春秋齐相晏婴生活俭朴，一件狐裘穿了三十年。

[20] 锦幛：用锦绣制的帷帐。传说晋人石崇与王恺比富，

曾设锦帐四十里。

[21] 孟尝君：即田文。战国时齐国贵族。袭其父田婴封爵，封于薛（今山东省滕州市南），称薛公，号孟尝君。后任相国，门下有食客数千。　珠履：用珍珠装饰的鞋。

[22] 牛僧孺（779—847）：字思黯，唐安定鹑觚（今甘肃省灵台）人。累官户部侍郎同平章事、兵部尚书同平章事。是牛李党争中牛派首领。相传宠妾甚多。
金钗：妇女插于发髻的金制首饰。此指戴金钗的姬妾。

[23] 裀（yīn）：指褥垫、毯子之类。

[24] 裋（shù）褐：粗陋的布衣。

[25] 卜子夏：即卜商，字子夏，春秋末晋国人。孔子学生。相传《诗》《春秋》等儒家经典由他传授下来。

[26] 鹑衣百结：形容衣服破烂不堪。鹑（鹌鹑）尾秃，故以鹑衣指破烂的衣服。

[27] 公孙弘（前200—前121）：字季，西汉菑州（郡治今山东省寿光南）薛人。年四十余始治《春秋公羊传》。熟习文法吏治，被武帝任为丞相。一生节俭，食不重肉，一条布被用了十年。

[28] 南州：南方州郡。　冠冕：古代帝王、官员的帽子。因为都戴在头上，比喻出人头地。　德操：东汉隐士司马德操。　庞统：蜀汉大臣。　迈众：超过众人。

[29] 三河：今河南省洛阳市黄河南北一带。　领袖：衣服的领和袖。比喻同类人中之突出者。　崔浩、裴骏：均为北魏时期的人物。

[30] 命有德：是说上天命令制作色彩不同的衣服，以表彰德行不同的人。

[31] 昭侯：即战国时韩国的韩昭侯。在位二十六年，卒谥"昭"。　敝裤：破裤子。

[32] 待有功：等待有功之臣。

[33] 唐文宗：即李昂（809—840）。唐代皇帝。公元827—840年在位。发动甘露之变，欲一举铲除宦官势力，事败被软禁至死。

[34] "衣不经新"三句：东晋中军将军桓冲（桓温弟），不愿穿新衣，其妻劝他说："衣服不经过新怎么变成旧的。"

[35] 花钿（diàn）：用金翠珠宝制成的花形首饰。

[36] 服诃（hē）子：戴上妇女胸部饰物。

[37] 姜氏：指兄弟共盖一被的东汉姜肱。

[38] 王章：汉朝京兆尹。早年家贫，寒冬无被，只好与妻子共盖牛的御寒的草衣。

[39] 缓带轻裘：宽松的衣带，轻暖的皮衣。形容从容儒雅的风度。　羊叔子；即羊祜，字叔子。西晋武帝时，他镇守襄阳，身为统帅，不披甲，穿轻裘，系缓带，优游山水，人称斯文主将。

[40] 葛巾：用葛布制成的头巾。　野服：村野平民服装。

[41] 陆地神仙：指隐士。

[42] 不衷（zhòng）：不合适，不恰当。

[43] 缊（yùn）袍不耻：缊袍，以乱麻为絮的袍子，古为贫者服。孔子说，穿缊袍与穿狐裘的人站在一起而不感到羞耻，这就是子路啊！

卷 三

人 事

　　《大学》首重夫明新[1]，小子莫先于应对[2]。其容固宜有度，出言尤贵有章。智欲圆而行欲方，胆欲大而心欲小。阁下、足下，并称人之辞；不佞、鲰生[3]，皆自谦之语。恕罪曰原宥[4]，惶恐曰主臣[5]。大掾史[6]，推美吏员；大柱石[7]，尊称乡宦。贺入学曰云程发轫[8]，贺新冠曰元服加荣[9]。贺人荣归，谓之锦旋[10]；作商得财，谓之稇载。谦送礼曰献芹[11]，不受馈曰反璧[12]。谢人厚礼曰厚贶[13]，自谦利薄曰菲仪[14]。送行之礼，谓之贶仪[15]；拜见之贽，名曰贽敬[16]。贺寿仪曰祝敬，吊死礼曰奠仪。请人远归曰洗尘，携酒送行曰祖饯[17]。犒仆夫，谓之旌使[18]；演戏义，谓之俳优。谢人寄书，曰辱承华翰；谢人致问，曰多蒙寄声。望人寄信，曰早赐玉音；谢人许物，曰已蒙金诺。具名帖，曰投刺；发书函，曰开缄。思慕久曰极切瞻韩[19]，想望殷曰久怀慕蔺[20]。相识未真，曰半面之识；不期而会，曰邂逅之缘。登龙门[21]，得参名士；瞻山斗[22]，仰望高贤。一日三秋，言思慕之甚切；渴尘万斛[23]，言想望之久殷。睽违教命[24]，乃云鄙吝复萌；来往无凭，则曰萍踪靡定。虞舜慕唐尧，见尧于羹,见尧于墙;门人学孔圣,孔步亦步,孔趋亦趋。曾经会晤,曰向获承颜接辞;谢人指教,曰深蒙耳提面命。求人涵容,曰望包荒;求人吹嘘,曰望汲引[25]。求人荐引,曰幸为先容[26];求人改文,曰望赐郢斫[27]。借重鼎言[28],是托人言事;望移玉趾,是浼人亲行[29]。多蒙推毂[30],谢人引荐之辞;望作领袖,托人倡首之说。言辞不爽[31],谓之金石语;乡党公论,谓之月旦评[32]。逢人说项斯[33],表扬善行;名下无虚士,果是贤人。党恶为非,曰朋奸;尽财赌博,曰孤注。徒了事,曰但求塞责;戒明察,曰不可苛求。方命是逆人之言[34],执拗是执己之性。曰觊觎[35],曰睥睨[36],总是私心之窥望;曰侘傺[37],曰旁午[38],皆言人事之纷纭。小过必察,谓之吹毛求疵;乘患相攻,谓之落井下石。欲心难厌如溪壑,财物易尽若漏卮[39]。望开茅塞,是求人之教导;多蒙药石,是谢人之箴规。芳规芳躅[40],皆善行之可慕;格言至言,悉嘉言之可听。无言曰缄默,息怒曰霁威[41]。仇深曰切齿,人笑曰解颐。人微笑曰莞尔,掩口笑曰胡卢[42]。大笑曰绝倒,众笑曰哄堂。留位待贤,谓之虚左[43];官僚共署,谓之同寅[44]。人失信曰爽约,又曰食言;人忘誓曰寒盟[45],又曰反汗[46]。铭心镂骨,感德难忘;结草衔环[47],知恩必报。自惹其灾,谓之解衣抱火;幸离其害,真如脱网就渊。两不相入,谓之枘凿[48];两不相投,谓之冰炭。彼此不合曰龃龉,欲进不前曰趑趄[49]。落落不合之词,区区自谦之语。竣者作事已毕之谓,醵者敛财饮食之名[50]。赞襄其事,谓之玉成;分裂难完,谓之瓦解。事有低昂曰轩轾[51],力相上下曰颉颃[52]。凭空起事曰作俑[53],仍前踵弊曰效尤[54]。手口共作曰拮据[55],不暇修容曰鞅掌[56]。手足并行曰匍匐,俯首而思曰低徊[57]。明珠投暗,大屈才能;入室操戈,自相鱼肉。求教于愚人,是问道于盲[58];枉道以干主[59]，是衒玉求售[60]。智谋之士，所见略同；仁人之言，其利甚溥[61]。班门弄斧，不知分量；岑楼齐末[62]，不识高卑。

注释

[1] 明：即"明德"。显扬道德。 新：《大学》中作"亲"，即"亲民"。亲爱百姓。

[2] 小子：学生。

[3] 不佞（níng）：不才。谦词。 鲰（zōu）生：浅薄无知的人，小生。自谦之词。

[4] 原宥（yòu）：谅情赦罪。

[5] 主臣：犹言惶恐。

[6] 掾（yuàn）史：胥吏。即分曹治事的属吏。

[7] 柱石：比喻担当重任的人。

[8] 云程：比喻美好的前程。 发轫（rèn）：轫，用以阻止车轮前进的木头。发轫，拿掉支住车轮的木头，使车前进。比喻事物的开端。

[9] 新冠：旧指男子二十岁举行加冠礼。

[10] 锦旋：衣锦还乡。

[11] 献芹：谦言自己赠送的礼品菲薄。

[12] 反璧：退回玉璧。后称不受别人的馈赠为反璧。

[13] 厚贶（kuàng）：贶，赐赠之物。厚贶，丰厚的赠礼。

[14] 菲仪：微薄的礼物。谦词。

[15] 赆（jìn）仪：赆，送行时赠送的财物。赆仪，指送行的礼物。

[16] 贽（zhì）敬：贽，初次见面所执的礼物。贽敬，为表敬意所送的礼品。

[17] 祖饯：饯行。这里指设酒食送人出行。

[18] 旌（jīng）使：表彰使者。

[19] 瞻：瞻仰。 韩：指韩朝宗。唐朝人。曾任荆州刺使。好士荐贤有美名。诗人李白曾说："生不用封万户侯，但愿一识韩荆州。"

[20] 蔺：指蔺相如。 慕蔺：仰慕蔺相如。

[21] 登龙门：此喻得到有名望者的接待和援引而提高身价。

[22] 瞻山斗：瞻仰泰山和北斗。

[23] 渴尘万斛（hú）：口渴得生了万斛灰尘。比喻访友不遇，思念殷切。

[24] 睽（kuí）违：别离，隔离。 教命：教训命令，教诲。

[25] 汲引：从下往上打水。这里指提拔。

[26] 先容：语出《文选》。容，雕饰。先容，本谓先加修饰，后引申为事先为人介绍、推荐或关说。

[27] 郢斫（zhuó）：郢，楚国都城；斫，砍削。据《庄子》载，治石的匠人挥斧削去郢都人涂在鼻尖上的白粉，而不伤其人。郢斫，本指技艺高超，这里用来赞誉改文的技巧。

[28] 鼎言：有分量的言论。常用于请人说话帮助的敬辞。

[29] 浼（měi）：请求，恳托。

[30] 推毂（gǔ）：毂，车轮中心穿轴的部分。推毂，本指推车前进。此指推荐，援引。

[31] 不爽：不失信，没差失。

[32] 月旦评：典出《后汉书·许劭传》。汉代许劭喜欢评

论人物,论题每月一换,人们称他"月旦评"。月旦,指旧历每月初一。月旦评,指品评人物。

[33] 逢人说项斯:唐人项斯,为人清高正直,曾以诗拜见爱才的杨敬之,杨赠诗曰:"平生不解藏人善,到处逢人说项斯。"后因以"逢人说项斯"谓到处称扬人善。

[34] 方命:违命,抗命。

[35] 觊觎(jì yú):非分的希望或企图。

[36] 睥睨(pì nì):斜视。

[37] 倥偬(kǒng zǒng):事情纷繁急促。

[38] 旁午:亦作"旁迕"。交错,纷繁。

[39] 漏卮(zhī):亦作"漏巵"。底上有孔的酒器。

[40] 芳规:前贤的遗规。 芳躅(zhuó):前贤的踪迹。

[41] 霁威:收敛威怒。

[42] 胡卢:同"卢胡"。喉间发出的笑声。

[43] 虚左:空着左边的位置。古代以左为尊,虚左表示对宾客的尊敬。

[44] 同寅:即同僚。

[45] 寒盟:指背弃或忘却盟约。

[46] 反汗:以汗出而不能反比喻令出而不能收。后因以"反汗"指翻悔、食言或收回成命。

[47] 结草:据《左传·宣公十五年》载,战国时晋国魏武子病了,他告诉儿子魏颗,等他死后将其宠妾嫁出去。待病危时,他又告诉儿子用宠妾陪葬。魏武子死后,魏颗认为父亲病危时神志不清,说的话不可信,于是便把父亲的宠妾嫁走了。后来魏颗与秦人杜回交

战,据说看见一位老人结草绊倒杜回,于是将杜俘获。夜里,魏颗梦见老人自称是武子宠妾之父,是来报答魏颗救女之恩的。后以"结草"喻受厚恩而虽死犹报。 衔环:据《后汉书·杨震传》载,东汉杨宝九岁时救了一只黄雀,一天夜里黄雀变成一个黄衣童子,与杨宝四枚白玉环,以报答救命之恩。后以此为报恩之喻。

[48] 枘(ruì)凿:"枘圆凿方"或"枘方凿圆"的简语。枘,榫头;凿,卯眼。枘凿,即"枘圆凿方"或"枘方凿圆"都难相容合。后以此喻事物的扞格不入或互相矛盾。

[49] 趑趄(zī jū):想前进又不敢前进。形容犹豫不决。

[50] 醵(jù):凑钱聚饮。

[51] 轩轾(zhì):车前高后低叫轩,前低后高叫轾。引申为高低,优劣。

[52] 颉颃(xié háng):亦作"颉亢"。本指鸟飞上下的意思。引申为不相上下或相抗衡。

[53] 作俑:本指制作用于殉葬的偶像。后称创始、首开先例为"作俑"。多用于贬义。

[54] 效尤:仿效坏的行为。

[55] 作:指劳作。

[56] 鞅掌:职事纷扰繁忙。

[57] 低徊:徘徊,流连。

[58] 道:指道路。

[59] 枉道:违背正道。 干主:请求君主。

[60] 衒(xuàn)玉求售:亦作"衒玉自售"。比喻自夸其

才以求任用或信任。

[61] 溥(pǔ)：广大，广远。

[62] 岑楼齐末：岑楼，高楼；末，尖端。岑楼齐末，不考虑地基的高低，强与高楼的顶端看齐。

势延莫遏，谓之滋蔓难图；包藏祸心，谓之人心叵测。作舍道旁，议论多而难成；一国三公，权柄分而不一。事有奇缘，曰三生有幸；事皆拂意，曰一事无成。酒色是酖[1]，如以双斧伐孤树；力量不胜，如以寸胶澄黄河。兼听则明，偏听则暗，此魏徵之对太宗[2]；众怒难犯，专欲难成，此子产之讽子孔[3]。欲逞所长，谓之心烦技痒；绝无情欲，谓之槁木死灰。座上有江南[4]，语言须谨；往来无白丁，交接皆贤。将近好处，曰渐入佳境；无端倨傲，曰旁若无人。借事宽役曰告假[5]，将钱嘱托曰夤缘[6]。事有大利，曰奇货可居[7]；事宜鉴前，曰覆车当戒。外彼为此[8]，曰左袒；处事两可，曰模棱。敌甚易摧，曰发蒙振落[9]；志在必胜，曰破釜沉舟。曲突徙薪无恩泽，不念预防之力大；焦头烂额为上客，徒知救急之功宏[10]。贼人曰梁上君子，强梗曰化外顽民[11]。木屑竹头，皆为有用之物；牛溲马渤[12]，可备药石之资。五经扫地[13]，祝钦明自亵斯文；一木撑天，晋王敦未可擅动[14]。题凤题午[15]，讥友讥亲之隐语；破麦破梨[16]，见夫见了之奇梦。毛遂片言九鼎[17]，人重其言；季布一诺千金[18]，人服其信。岳飞背涅精忠报国[19]，杨震惟以清白传家[20]。下强上弱，曰尾大不掉；上权下夺，曰太阿倒持[21]。当今之世，不但君择臣，臣亦择君；受命之主，不独创业难，守成亦不易。生平所为皆可对人言，司马光之自信；运用之妙惟存乎一心，岳武穆之论兵[22]。不修边幅，谓人不饰仪容；不立崖岸[23]，谓人天性和乐。

蕞尔、幺麽[24]，言其甚小；卤莽、灭裂[25]，言其不精。误处皆缘不学，强作乃成自然。求事速成曰躐等[26]，过于礼貌曰足恭。假忠厚者谓之乡愿[27]，出人群者谓之巨擘[28]。孟浪由于轻浮[29]，精详出于暇豫[30]。为善则流芳百世，为恶则遗臭万年。过多曰稔恶[31]，罪满曰贯盈。尝见冶容诲淫[32]，须知慢藏诲盗[33]。管中窥豹，所见不多；坐井观天，知识不广。无势可乘，英雄无用武之地；有道则见，君子有展采之思[34]。求名利达，曰捷足先得；慰士迟滞[35]，曰大器晚成。不知通变，曰徒读父书；自作聪明，曰徒执己见。浅见曰肤见，俗言曰俚言。识时务者为俊杰，昧先几者非明哲[36]。村夫不识一丁，愚者岂无一得？拔去一丁[37]，谓除一害；又生一秦[38]，是增一仇。戒轻言，曰恐属垣有耳[39]；戒轻敌，曰勿谓秦无人[40]。同恶相帮，谓之助桀为虐；贪心无厌，谓之得陇望蜀[41]。当知器满则倾，须知物极必反。喜嬉戏名为好弄，好笑谑谓之诙谐。逸口交加，市中可信有虎；众奸鼓衅，聚蚊可以成雷。萋斐成锦[42]，谓谮人之酿祸；含沙射影，言鬼域之害人。针砭所以治病，鸩毒必至杀人。李义府阴柔害物[43]，人谓之笑里藏刀；李林甫奸诡诌人，世谓之口蜜腹剑。代人作事，曰代庖；与人设谋，曰借箸[44]。见事极真，曰明若观火；对敌易胜，曰势若摧枯。汉武内多欲而外施仁义[45]，廉颇先国难而后私仇。卧榻之侧，岂容他人鼾睡，宋太祖之语[46]；一统之世，真是胡越一家[47]，唐太宗之时。至若暴秦以吕易嬴[48]，是嬴亡于庄襄之手[49]；弱晋以牛易马[50]，是马灭于怀愍之时。中宗亲为点筹于韦后[51]，秽播千秋；明皇赐洗儿钱于贵妃[52]，丑遗万代。非类相从，不如鹁鹊[53]；父子同牝[54]，谓之聚麀[55]。以下淫上谓之烝[56]，野合奸伦谓之乱[57]。从来淑慝殊途[58]，惟在后人法戒；斯世清浊异品，全赖吾辈激扬[59]。

注释

[1] 酖（dān）：嗜酒。引申为沉迷。

[2] 魏徵（580—643）：唐初政治家。字玄成，馆陶（今属河北省）人。太宗即位，任谏议大夫、秘书监等职。前后陈谏二百余事，得到太宗赞赏和信任。其言论见《贞观政要》。　太宗：指唐太宗李世民（599—649）。唐朝第二代皇帝。公元626—647年在位。统治期间，较能任贤、纳谏，社会安定，经济繁荣，国力强盛。晚年赋役苛重，社会矛盾加深。

[3] 子产（？—前522）：即公孙侨、公孙成子。春秋时政治家。名侨，字子产。郑国大夫。执政后实行改革，使郑国出现新气象。　子孔：春秋时郑国大夫。

[4] 江南：此指江南人。他们一听到"鹧鸪曲"就产生思归之感。

[5] 宽役：请免工作。

[6] 夤（yín）缘：攀附。

[7] 奇货可居：珍奇的货物可以囤积起来。

[8] 外彼为此：指疏远另一方帮助这一方。

[9] 发蒙振落：揭开蒙盖物，摇掉将落的枯叶。喻轻而易举。

[10] "曲突徙薪"二句：战国齐人淳于髡至邻家，见其灶突之直而积薪在旁，谓曰："此且有火，使为曲突而徙薪。"邻家不听。后果焚其屋，众人相救，火乃灭。烹羊具酒谢救火者，不肯呼淳于髡。智士讥之曰："曲突徙薪无恩泽，焦头烂额为上客。"曲突，把烟囱

改成弯的；徙薪，把柴火搬离灶旁。后用以比喻事先采取措施，防患于未然。

[11] 化外：指政令教化达不到的地方。

[12] 牛溲（sōu）马勃：牛溲，即牛遗，车前草的别名；马勃，一种菌类植物。二者皆至贱，均可入药。

[13] 五经扫地：指丧尽儒者尊严。据《新唐书·祝钦明传》载，唐睿宗宴请国子祭酒祝钦明。祝钦明以儒学著称，貌丑体胖，主动请求跳"八凤舞"，出尽丑态，为人讥笑。

[14] "一木撑天"二句：东晋大臣王敦欲谋反，夜梦一木撑天，求解于详梦的徐真君，徐告诉他："这是一个'未'字，只宜守旧，不可擅动。""未"字隐含王敦不要擅自叛晋。

[15] 题凤：晋朝吕安拜访嵇康，嵇康不在家，吕安在门上题一"凤"字而去。"凤"的繁体字为"凡鸟"组成，这有讥讽之意。 题午：相传有个人拜访朋友未遇，便在门上题一"午"字而去。午字是"牛"不出头，也含讥讽之意。

[16] 破麦：相传古时宁波有一妇女，因兵乱与丈夫、儿子失散。后夜梦磨麦；又梦莲花都萎落了。有人给解梦说，磨麦见夫面，花落子出现。 破梨：古时南阳刺史杨进贤与儿子失散，夫妇思念甚切，夜梦剖梨，友人解释为梨剖开后则子出现。

[17] 毛遂片言九鼎：战国时秦国围赵，毛遂自荐随赵相平原君同往楚国，说服楚王同意楚赵合纵。归来后，平原君称赞毛遂："以三寸之舌，强百万之兵，使赵重

于九鼎矣。"

[18] 季布：汉初楚人。楚汉战争中，为项羽部将。汉朝建立，归汉，任河东守。重然诺，楚人有"得黄金百斤，不如得季布一诺"之谚。

[19] 岳飞（1103—1142）：南宋抗金名将。字鹏举，相州汤阴（今属河南省）人。二十岁从军，一生战斗在抗金战场。绍兴九年（公元1139年），高宗、秦桧与金议和，迫令退兵，被解除兵权。后遭诬陷，被害。孝宗时复岳飞官职，以礼改葬。后谥"武穆"。
涅（niè）：在人身上刺涂黑色文字或图案。

[20] 杨震（？—124）：字伯起，东汉弘农华阴（今属陕西省）人。官至司徒、太尉。为官清廉。任涿郡太守时，有人劝他为子孙置产业，他称留清白给子孙是最好的遗产。

[21] 太阿：古宝剑名。相传为春秋时欧冶子、干将所铸。

[22] 岳武穆：即岳飞。

[23] 崖岸：孤高。

[24] 蕞（zuì）尔：形容小。幺（yāo mó）麽：微小。

[25] 灭裂：言行粗疏草率。

[26] 躐（liè）等：不循次序，超越而进。

[27] 乡愿：指乡间貌似谨厚而实与流俗合污的伪善者。

[28] 巨擘（bò）：大拇指。比喻杰出的人物。

[29] 孟浪：轻率。

[30] 精详：精细周详。暇豫：从容不迫。

[31] 过：指过失。慝恶（rěn è）：积恶。

[32] 冶容：女子修饰得很妖媚。诲淫：引诱别人产生

淫欲。

[33] 慢藏诲盗：因收藏财物不慎而招致盗窃。

[34] "有道则见"二句：见，音 xiàn。这两句大意是，政治清明就出来做官，说明君子有干一番事业的想法。

[35] 慰：安慰，抚慰。 迟滞：迟缓，不迅捷。此言成名较晚。

[36] 先几：预先洞知细微。

[37] 拔去一丁：是说除掉一个祸害。这是影射宋朝宰相丁谓的。丁谓专权，于天禧四年（1020年）排挤寇准去位，升为宰相。当时有人说："欲得天下宁，拔去眼中丁。欲得天下好，不如召寇老。"

[38] 又生一秦：是说又造成一个强敌。据《史记·张耳陈馀列传》载，陈胜起兵反秦时，让武臣安抚赵地，武臣自立为赵王，陈胜要杀武臣，相国房君说："秦未亡而杀武臣，是又生一秦。"

[39] 属垣有耳：以耳附墙，窃听人言。语出《诗·小雅·小弁》。

[40] 勿谓秦无人：是说不要认为秦国没有能人。

[41] 得陇望蜀：比喻贪心不足。语出《东观汉记·隗嚣传》："既得陇，复望蜀"。

[42] 萋斐：亦作"萋菲"。花纹错杂的样子。语本《诗·小雅·巷伯》："萋兮斐兮，成是贝锦，彼谮人者，亦已大甚！"后因以"萋斐"比喻谗言。

[43] 李义府（614—666）：唐朝大臣。瀛州饶阳（今属河北省）人。容貌温恭，而内心狡险忌刻，人谓"笑里藏刀"。后因罪流放巂州死。

[44] 借箸:语出《史记·留侯世家》。箸,筷子。后以"借箸"指为人谋划。

[45] 汉武:即汉武帝刘彻。

[46] 宋太祖:即赵匡胤(927—976),涿州(今属河北省)人。宋王朝的建立者。公元960—976年在位。即位后,先后消灭割据势力,加强中央集权,结束了混战割据局面,但重文轻武,偏重防内,对形成宋朝"积贫积弱"局面有所影响。

[47] 胡越:古民族名。胡在北,越在南。胡越表示关系疏远。

[48] 秦:指战国时秦国。 吕:指吕氏。这里指吕姓的吕不韦。 嬴:指嬴氏。秦国的姓。

[49] 庄襄:即战国时秦国秦庄襄王,名子楚。相传即位前在赵国做人质时,吕不韦将有孕的爱姬献给子楚。后来此女立为夫人,后生子政,即后来的秦始皇。

[50] 晋:指西晋。 以牛易马:以牛姓代替司马氏。相传西晋怀帝、愍帝时代,琅琊王司马睿的妃子与小吏牛金通奸,生司马睿,后为东晋元帝。所以说司马氏在西晋怀、愍年间就算灭亡了。

[51] 中宗:即唐中宗李显。 点筹:数筹码。筹码为古人博戏的用具。 韦后:唐中宗皇后。与武三思有奸。一次两人博戏,中宗亲自为韦后数筹码。

[52] 洗儿钱:旧俗,婴儿出生后三日或满月,替其洗身,亲朋赠给的钱叫洗儿钱。杨贵妃收安禄山为儿子,唐明皇也照例赐安禄山洗儿钱。

[53] 鹁鹊:鹁鹊与喜鹊。据说这两种鸟都有固定的配偶,

飞则相随。

[54] 牝（pìn）：鸟兽的雌性。此借指女人。

[55] 聚：共同。 麀（yōu）：母鹿。据说母鹿性淫，常与数只公鹿交合。

[56] 烝（zhēng）：下淫上。指与母辈通奸。

[57] 野合：男女私通。 奸伦：奸污五伦之内的人。

[58] 淑慝（tè）：善恶。

[59] 激扬：激浊扬清。喻斥恶扬善。

饮　食

　　甘脆肥脓，命曰腐肠之药；羹藜含糗，难语太牢之滋[1]。御食曰珍馐[2]，白米曰玉粒。鲁酒、茅柴[3]，皆为薄酒；龙团、雀舌[4]，尽是香茗。待人礼衰，曰醴酒不设[5]；款客甚薄，曰脱粟相留[6]。竹叶青、状元红，俱为美酒；葡萄绿、珍珠红，悉是香醪[7]。五斗解酲[8]，刘伶独溺于酒[9]；两腋生风，卢仝偏嗜乎茶[10]。茶曰酪奴[11]，又曰瑞草；米曰白粲，又曰长腰。太羹玄酒[12]，亦可荐馨[13]；尘饭涂羹[14]，焉能充饿。酒系杜康所造，腐乃淮南所为[15]。僧谓鱼曰水梭花，僧谓鸡曰穿篱菜。临渊羡鱼，不如退而结网；扬汤止沸，不如去火抽薪。羔酒自劳[16]，田家之乐；含哺鼓腹，盛世之风。人贪食曰徒餔餟[17]，食不敬曰嗟来食。多食不厌，谓之饕餮之徒[18]；见食垂涎，谓有欲炙之色[19]。未获同食，曰向隅[20]；谢人赐食，曰饱德[21]。安步可以当车，晚食可以当肉。饮食贫难，曰半菽不饱[22]；厚恩图报，曰每饭不忘。白饭青刍[23]，待仆马之厚；炊金爨玉[24]，谢款客之隆。家贫待客，但知抹月披风[25]；冬月邀宾，乃曰敲冰煮茗。君侧元臣[26]，若作酒醴之曲蘖[27]；朝中冢宰[28]，若作和羹之盐梅。宰肉甚均，陈平见重于父老[29]；戛羹示尽，邱嫂心厌乎汉高[30]。毕卓为吏部而盗酒[31]，逸兴太豪；越王爱士卒而投醪[32]，战气百倍。惩羹吹齑[33]，谓人惩前警后；酒囊饭袋，谓人少学多餐。隐逸之士，漱石枕流[34]；沉湎之夫，藉糟枕曲[35]。昏庸桀纣，胡为酒池肉林[36]；苦学仲淹[37]，惟有断齑画粥[38]。

注释

[1] 太牢：宴会或祭祀时所用的牛、羊、豕三牲。

[2] 珍馐(xiū)：亦作"珍羞"。珍美的肴馔。

[3] 鲁酒：鲁国出产的酒。味淡薄。 茅柴：亦作"茆柴"。村酿薄酒。

[4] 龙团：宋代贡茶名。饼状，上有龙纹，故名。
雀舌：以嫩芽焙制的上等茶。

[5] 醴酒不设：醴酒，甜酒。醴酒不设，不再特别准备甜酒。比喻对人的礼敬渐渐减弱。

[6] 脱粟相留：脱粟，只去米壳、不加精制的米。脱粟相留，指待客菲薄。

[7] 香醪(láo)：美酒。

[8] 斗：古代酒器。 酲(chéng)：酒病。

[9] 刘伶：西晋沛国（今安徽省宿县）人，字伯伦。"竹林七贤"之一。嗜酒。作《酒德颂》。对"礼法"表示蔑视，但宣扬了老庄思想和纵酒放诞生活。

[10] 卢仝（约795—835）：唐代诗人。自号玉川子，范阳（治今河北省涿州）人。其诗反映了腐败的朝政和民

生疾苦，风格奇特。生性嗜茶，喝茶时只觉得两腋习习生风。

[11] 酪奴：茶的别名。

[12] 太羹：不和五味的肉汁。 玄酒：古代祭礼中当酒用的清水。

[13] 荐：此指祭祀。

[14] 尘饭：用土做饭。 涂羹：用泥做羹。

[15] 淮南：指淮南王刘安。汉高祖之孙。西汉思想家、文学家。袭父封为淮南王。相传由他最早磨豆为乳脂，称之为豆腐。

[16] 羔酒：羊羔美酒。 自劳：自我慰劳。

[17] 徒：只，只求。 餔餟（bū zhuì）：吃喝。

[18] 饕餮（tāo tiè）：贪食。

[19] 炙（zhì）：烤熟的肉食。引申为肴馔。

[20] 向隅：面对着屋子的一个角落。

[21] 饱德：饱受恩德。

[22] 半菽：半菜半粮。指粗劣的饭食。

[23] 白饭：白米饭。 青刍：新鲜的草料。

[24] 炊金爨（cuàn）玉：比喻饮食珍贵。

[25] 抹月披风：用风月当菜肴。家贫无可待客的戏言。

[26] 元臣：大臣。

[27] 曲糵（niè）：酒曲。

[28] 冢宰：又称"太宰"。周礼天官之属，为百官之长。后世吏部尚书也称冢宰。

[29] 陈平（？—前178）：汉初阳武（今河南省原阳东南）人。惠帝、文帝时任丞相。早年曾在乡里为乡亲分社

肉，割得很平均，为父老所称赞。

[30] "戛羹示尽"二句：戛（jiā），敲锅的声音。据《史记·楚元王世家》载，汉高祖刘邦少时，曾引一朋友到邱嫂家。邱嫂正食羹，见刘邦来，便敲锅示意没有羹了。这是邱嫂厌恶刘邦的意思。

[31] 毕卓盗酒：东晋吏部郎毕卓，常因饮酒而废职。邻居酿酒熟，毕卓夜至瓮间盗酒而饮，醉于边也，被缚。事见《晋书·毕卓传》。

[32] 越王投醪（láo）：据《吕氏春秋·顺民》记载，越王勾践伐吴时，将客人送给他的美酒倒入河中，与士卒共饮河水，以与军民同甘苦。

[33] 惩羹吹齑，羹，滚汤；齑，切碎的肉菜，此指冷食。惩羹吹齑，是说人被滚汤烫过，以后见到冷菜也要吹一吹再吃。比喻戒惧过甚。

[34] 漱石枕流：据《世说新语·排调》载，晋人孙楚少时就想做隐士，欲对人说"枕石漱流"，却误说成"漱石枕流"，并因错就错解释为：漱石是想砺齿，枕流是想洗耳。后以"漱石枕流"形容隐居生活。

[35] 藉糟枕曲：藉，坐卧在某物上；曲，酒曲，酿酒的发酵剂。藉糟枕曲，躺在酒糟上，用酒曲当枕头。

[36] 胡为（wěi）：为什么。

[37] 仲淹：即范仲淹。

[38] 断齑画粥：宋代名臣范仲淹，少时家贫，在僧庙读书，每日就着腌菜条，吃用米粥冷却的饭块。后以"断齑画粥"形容勤苦力学。

宫　室

洪荒之世，野处穴居；有巢以后[1]，上栋下宇。金马、玉堂、翰林院宇；柏台、乌府[2]，御史衙门。贺人有喜，曰门阑蔼瑞[3]；谢人过访[4]，曰蓬荜生辉[5]。土木方兴曰经始；创造已毕曰落成。楼高可以摘星，屋小仅堪容膝。寇莱公庭除之外[6]，只可栽花；李文靖厅事之前[7]，仅容旋马。恭贺屋成曰燕贺[8]，自谦屋小曰蜗庐。民家名曰闾阎[9]，贵族称为阀阅[10]。朱门乃富豪之第，白屋是布衣之家。客舍曰逆旅[11]，馆驿曰邮亭[12]。书室曰芸窗[13]，朝廷曰魏阙[14]。成均、辟雍[15]，皆国学之号；黉宫、胶序[16]，乃乡学之称。笑人善忘，曰徙宅忘妻[17]；讥人不谨，曰开门揖盗[18]。何楼所市[19]，皆滥恶之物；垄断独登[20]，讥专利之人。苹门、圭窦[21]，系贫士之居；瓮牖、绳枢[22]，皆窭人之室。宋寇准真是北门锁钥[23]，檀道济不愧万里长城[24]。

注释

[1] 有巢：即有巢氏。传说中巢居的发明者。在远古时代，人少兽多，为了避免野兽侵袭，有巢氏教民构木为巢，居住在树上。

[2] 柏台：御史台的别称。汉代御史府中列植柏树，后因以"柏台"称御史台。　乌府：御史府、御史台的别称。因御史府中列植柏树，常有乌鸦栖息其上，故称"乌府"。

[3] 门阑蔼瑞：门阑，门框或门栅栏，借指家门；蔼，同"霭"，云气；瑞，吉祥。门阑蔼瑞，门前有一种祥瑞

的云气。

[4] 过访：登门探访。

[5] 蓬荜："蓬门荜户"的省语。指用草、树枝等做成的门户。形容贫穷者居住的简陋房屋。

[6] 寇莱公：即寇准（961—1023），字平仲，华州下邽（今陕西省渭南）人。北宋宰相，封莱国公。据《宋史》载，寇准为相，庭阶下无广地，仅可栽花。

[7] 李文靖：即李沆，字太初，肥乡人。宋朝宰相。居位慎密，有远虑先识，时称圣相。据传，居第前仅可旋马。卒谥"文靖"。

[8] 燕贺：《淮南上·说林训》中有"大厦成而燕雀相贺"之语，是说燕雀因大厦落成有栖身之所而互相庆贺。后因作祝贺新居落成。

[9] 闾阎：里巷内外的门。

[10] 阀阅：仕宦人家门前题记功业的柱子。左柱叫"阀"，右柱叫"阅"。

[11] 逆旅：客舍，旅馆。此指迎止宾客之处。

[12] 馆驿：驿站上设的旅舍。 邮亭：驿馆，递送文书者投止之处。

[13] 芸窗：亦作"芸牕"。指书斋。芸，指芸香，置书页内可以驱蠹，所以书房常用"芸"命名。

[14] 魏阙：古代宫门外两边高耸的楼观。楼观下常为悬布法令之所，因以为朝廷的代称。

[15] 成均：西周的大学。后泛称官设的最高学府。
辟雍：西周天子所设的大学。

[16] 黉（hóng）宫：学宫。 胶序：殷学名序，周学名

胶，后即用为学校的通称。

[17] 徙宅忘妻：搬家时忘了带走妻子。

[18] 开门揖盗：打开门拱着手把盗贼引入。

[19] 何楼：宋代民间俗语。谓虚伪欺诈。据《中山诗话》载，京师有个姓何的人，其楼下所卖之物多假货劣品，因名何楼。

[20] 垄断独登：独自站在高台上叫卖。

[21] 荜门、圭窦：编竹为门，穿墙作窗。指贫者所居之处。

[22] 瓮牖、绳枢：用破瓮口作窗户，用绳子缚着门枢。指房屋极简陋。

[23] 北门锁钥：典出《左传·僖公三十二年》。喻指军事要地或守御重任。

[24] 檀道济（？—436）：南朝宋将领。高平金乡（今山东省金乡北）人。东晋末从刘裕攻后秦，为前锋入洛阳。元嘉八年（公元431年）攻魏，粮尽兵退，敌不敢追。未几进司空，镇浔阳（今江西省九江）。后为文帝所忌，被杀。据说，道济当时愤怒脱帻投地，说："乃坏汝万里长城！" 万里长城：比喻国家所依赖的战将。

器　　用

一人之所需，百工斯为备。但用则各适其用，而名则每异其名。管城子、中书君[1]，悉为笔号；石虚中、即墨侯[2]，皆为砚称。墨为松使者[3]，纸号楮先生[4]。共笔砚，同窗之谓；付衣钵[5]，传道之称。笃志业儒，曰磨穿铁砚；弃文就武，曰安用毛锥[6]。剑有干将莫邪之名，扇有仁风便面之号[7]。小舟名舴艋[8]，巨舰曰艨艟[9]。金根是皇后之车[10]，菱花乃妇人之镜[11]。银凿落原是酒器[12]，玉参差乃是箫名[13]。刻舟求剑，固而不通[14]；胶柱鼓瑟[15]，拘而不化。斗筲言其器小[16]，梁栋谓是大材。铅刀无一割之利[17]，强弓有六石之名[18]。兜鍪系是头盔[19]，叵罗乃为酒器[20]。短剑名匕首，毡毯曰氍毹[21]。桔槔是田家之水车[22]，襏襫是农夫之雨具[23]。乌金，炭之美誉；忘归，矢之别名。夜可击，朝可炊，军中刁斗[24]；云汉热，北风寒，刘褒画图[25]。勉人发愤，曰猛著祖鞭[26]；求人宥罪[27]，曰幸开汤网[28]。董安于性缓[29]，常佩弦以自急，西门豹性急[30]，常佩韦以自宽。尾生抱桥而死[31]，固执不通；楚妃守符而亡[32]，贞信可录。车载斗量之人，不可胜数；南金东箭之品[33]，实是堪奇[34]。传檄可定，极言敌之易破[35]；迎刃而解，甚言事之易为。以铜为鉴[36]，可整衣冠；以古为鉴，可知兴替[37]。

注释

[1] 管城子：唐代韩愈作寓言《毛颖传》，称笔为管城子。后因以"管城子"为笔的别称。 中书君：唐代韩愈作《毛颖传》，称毛笔为毛颖。言颖居中山为蒙恬所获，献于秦皇，秦皇封之于管城，号管城子，"累拜中书令，与上盖狎，上尝呼为中书君"。后因以"中书居"为毛笔的别称。

[2] 石虚中："游戏寓言文章中以拟人手法给石砚起的姓名。 即墨侯：砚的别称。

[3] 松使：松，木名，其烟可以做墨。松使，是松烟做墨的意思。

[4] 楮（chǔ）：落叶乔木。皮可做纸，故以"楮"代称纸。

[5] 付：托付。

[6] 毛锥：毛笔的别称。因其形如锥，束毛而成，故名。

[7] 仁风：东晋袁宏委以东阳太守，谢安取扇以赠行，袁宏说："辄当奉扬仁风，慰彼黎庶。"仁风，指仁德之风。后因以"仁风"为扇子的代称。 便面：古代用以掩面的扇状物。后称团扇、折扇为便面。

[8] 舴艋：极小而灵便的船。

[9] 艨艟（méng chōng）：古代战舰。

[10] 金根：即"金根车"。以黄金为饰的根车。

[11] 菱花：即"菱花镜"。古代铜镜名。镜多为六角形，背面刻有菱花。

[12] 银凿（zú）落：以镌镂金银为饰的酒杯。

[13] 玉参差（cēn cī）：镶玉的无底排箫。一说即玉笙。

[14] 通：变通。

[15] 胶柱鼓瑟：鼓琴时胶住瑟上的弦柱，就不能调节音的高低。比喻固执拘泥，不知变通。

[16] 斗筲（shāo）：斗与筲。都是量小的容器。斗容十升；筲容一斗二升。

[17] 铅刀：用铅铸的刀。

[18] 石（今读dàn）：重量单位。一石为一百二十市斤。古代强弓有六石重的力量。

[19] 兜鍪（móu）：亦作"兜牟"。古代战士戴的头盔。

秦汉以前称胄，后叫兜鍪。

[20] 叵罗：古时西域一种口敞底浅的酒器。后泛指酒杯。

[21] 氍毹（qú yú）：毛织的毯子。可用作地毯、壁毯等。

[22] 桔槔（jié gāo）：亦称"吊杆"。一种原始的提水工具，春秋时代已经应用。

[23] 襏襫（bó shì）：蓑衣之类的防雨用具。

[24] 刁斗：古代行军用具。斗形有柄，铜质；白天用作炊具，晚上击以巡更。

[25] "云汉热"三句：相传东汉画家刘褒画技超群，他画云汉图，观者皆热；画北风图，观者皆凉。

[26] 琨著祖鞭：刘琨跟祖逖同为东晋将领，都志在恢复失地。刘琨深恐祖逖先于自己用鞭催马则枕戈待旦。

[27] 宥（yòu）：宽恕，赦免。

[28] 汤网：商汤打猎的网。据《吕氏春秋·异用》载，相传商汤出猎，见猎人四面张网，使野兽尽数落网，于是命其撤去三面。说明商汤的仁慈。后因以"汤网"泛言刑政宽大。

[29] 董安于：春秋时晋国人。相传性缓，常佩弦（弓弦）在身上，以便使自己的性子急一些。

[30] 西门豹：战国魏文侯时邺（今河北省临漳县西南邺镇）令。曾破除当地"河伯娶妇"的迷信，并开凿水渠，引漳灌溉，改良土壤，发展农业生产。相传性急，常佩韦（皮带）以自缓。

[31] 尾生。古代传说人物。

[32] 楚妃：指春秋时楚昭王的妃子贞姜。昭王出游，留贞姜于渐台，与她约定：召她时一定用符。后派使迎贞

姜,使者忘记带符,贞姜不与同行。等使者取符回来,贞姜已被淹死了。

[33] 南金东箭:南,此指西南;东,此指东南。据《尔雅》载,东南最美的东西是会稽的竹箭;西南最美的东西是华山的金石。后因以比喻优秀杰出的人才。

[34] 奇:珍奇。

[35] "传檄"二句:檄,檄文,古代用于征召或声讨的文书;定,平定。这两句是说,只要传出一纸檄文,便可平定天下,是说敌人极易攻破。

[36] 鉴:镜子。

[37] 替:衰落。

珍　宝

　　山川之精英,每泄为至宝;乾坤之瑞气,恒结为奇珍。故玉足以庇嘉谷[1],珠可以御火灾。鱼目岂可混珠?碔砆焉能乱玉[2]?黄金生于丽水[3],白银出自朱提[4]。曰孔方[5],曰家兄[6],俱为钱号;曰青蚨[7],曰鹅眼[8],亦是钱名。可贵者,明月夜光之珠,可珍者,璠玙琬琰之玉[9]。宋人以燕石为玉[10],什袭缇巾之中[11];楚王以璞玉为石[12],两刖卞和之足[13]。惠王之珠[14],光能照乘[15];和氏之璧,价重连城。贤乃国家之宝,儒为席上之珍。王者聘贤,束帛加璧;真儒抱道[16],怀瑾握瑜。雍伯多缘[17],种玉于蓝田而得美妇;太公奇遇,钓璜于渭水而遇文王[18]。剖腹藏珠,爱财而不爱命;缠头作锦,助舞而更助娇。孟尝廉洁[19],克俾合浦还珠[20];相如忠勇[21],能使秦廷归璧。

广钱固可以通神,营利乃为鬼所笑。以小致大,谓之抛砖引玉;不知所贵,谓之买椟还珠。贤否罹害[22],如玉石俱焚;贪得无厌,虽锱铢必算。崔烈以钱买官[23],人皆恶其铜臭;秦嫂不敢视叔,自言畏其多金[24]。熊衮父亡[25],天乃雨钱助葬;仲儒家窘[26],天乃雨金济贫。汉杨震畏四知而辞金[27],唐太宗因惩贪而赐绢[28]。晋鲁褒作《钱神论》[29],尝以钱为孔方兄;王夷甫口不言钱[30],乃谓钱为阿堵物[31]。然而床头金尽,壮士无颜;囊内钱空,阮郎羞涩[32]。

注释

[1] 谷:指五谷。

[2] 碔砆(wǔ fū):像玉的石头。

[3] 丽水:古水名。即金沙江流入云南丽江县的一段。

[4] 朱提:山名。在四川省。多产白银。

[5] 孔方:钱的谑称。旧时铜钱外圆,中有方孔,故名。

[6] 家兄:借指金钱。因钱别号孔方兄,故有此称。

[7] 青蚨(fú):虫名。传说用其血涂钱,可以引钱使归。因用以代称钱。

[8] 鹅眼:即"鹅眼钱"。古代一种劣质的钱币。

[9] 璠玙(fán yú):美玉名。 琬琰(wǎn yǎn):琬圭、琰圭。泛指美玉。

[10] 燕(yān)石:燕山所产的一种类似玉的石头。

[11] 什袭:把物品重重包裹起来。 缇(tí)巾:橘红色的绢帛。

[12] 楚王:春秋时楚国国君。此指楚厉王和楚武王。

[13] 刖(yuè):断足。古代肉刑之一。 卞和:春秋时

楚国人。相传他得到一块璞玉，先后献给楚国的两位国君（即厉王和武王），都被认为欺君，因而被砍去了两只脚。楚文王即位，才使工匠雕琢其璞，而得到宝玉，因而为之命名为"和氏之璧"。

[14] 惠王：指魏惠王（前400—前319），即梁惠王。战国时魏国国君。名䓨，惠为其谥号。公元前369—前319年在位。因于周显王七年（公元前362年）自安邑（今山西省夏县西北）迁都大梁（今河南省开封市），故称梁惠王。公元前344年召集逢泽（今开封市东南）之会，自称为王。后为齐军大败，国势渐衰。

[15] 照乘（shèng）：光彩能照明车辆。

[16] 抱道：坚持圣人之道。

[17] 雍伯：指晋朝人杨雍伯。

[18] 钓璜：垂钓而得玉璜。

[19] 孟尝：东汉上虞人，字伯周。少修操行，官合浦太守。据传，合浦产珍珠，因太守贪污腐败，珠玉渐渐徙于交阯郡界。孟任太守，为政清廉，迁徙的珠子又复回合浦。

[20] 克：能够。 俾：使。 合浦：汉元鼎六年（公元前111年）置郡，治所在合浦（今广东省合浦县东北）。海中产珠，世称合浦珠。

[21] 相如：指蔺相如。

[22] 否（pǐ）：坏。 罹（lí）：遭受。

[23] 崔烈：东汉安平人。在北州有重名。历位郡守、九卿。灵帝时开鸿都门，榜卖官爵，崔烈傅母入钱五百万，为其买得司徒，声誉衰减。

[24] "秦嫂"二句：秦嫂，指苏秦的嫂子；叔，指秦嫂的小叔子苏秦。这两句是说，苏秦的嫂子不敢抬头看他，自称是怕他位尊而钱多。

[25] 熊衮：唐朝御史大夫。为官奉公守法，家无私积。相传，父死不能葬，天乃降钱帮助他办理丧事。

[26] 仲儒：指翁仲儒。据《述异记》载，翁家极贫，上天降金十斛，以济其贫。

[27] 杨震畏四知辞金：东汉杨震曾荐举荆州茂才王密为昌邑县令。在杨任东莱太守途经昌邑时，王密以十斤黄金相赠，杨不受，王说："暮夜无人知。"杨说："天知，地知，你知，我知，何谓无知？"王密只好作罢。

[28] 太宗：即唐太宗。 惩贪赐绢：唐朝长孙顺德接受别人馈赠的绢，太宗知道后，为使其自惭，又赐绢十匹，令长孙惭愧至极。

[29] 鲁褒：晋朝南阳人，字元道。好学多闻，以贫素自甘。元康之后，纲纪大坏，乃隐姓而著《钱神论》。《钱神论》：中国魏晋时抨击货币权力和货币拜物现象的短文。有两篇，流传下来的为西晋鲁褒著。

[30] 王夷甫：晋朝人。

[31] 阿堵物：六朝人的口语。犹言"这个东西"，实指钱。

[32] 阮郎：指晋朝人阮孚。

贫　　富

命之修短有数[1]，人之富贵在天。惟君子安贫，达人知命。

贯朽粟陈[2]，称羡财多之谓；紫标黄榜[3]，封记钱库之名。贪爱钱物，谓之钱愚；好置田宅，谓之地癖。守钱虏，讥蓄财而不散；落魄夫，谓失业之无依。贫者地无立锥，富者田连阡陌。室如悬磬[4]，言其甚窘；家无儋石[5]，谓其极贫。无米曰在陈[6]，守死曰待毙。富足曰殷实，命蹇曰数奇[7]。饘涸鲋[8]，乃济人之急；呼庚癸[9]，是乞人之粮。家徒壁立，司马相如之贫；炭廖为炊[10]，秦百里奚之苦[11]。鹄形菜色，皆穷民饥饿之形；炊骨爨骸[12]，谓军中乏粮之惨。饿死留君臣之义，伯夷叔齐[13]；资财敌王公之富，陶朱猗顿[14]。石崇杀妓以侑酒[15]，恃富行凶；何曾一食费万钱[16]，奢侈过甚。二月卖新丝，五月粜新谷，真是剜肉医疮；三年耕而有一年之食，九年耕而有三年之食，庶几遇荒有备。贫士之肠习藜苋，富人之口厌膏粱。石崇以蜡代薪，王恺以饴沃釜[17]。范丹釜中生鱼[18]，破甑生尘；曾子捉襟见肘，纳履决踵[19]。子路衣敝缊袍，与轻裘立，贫不胜言；韦庄数米而炊[20]，称薪而爨，俭有可鄙。总之饱德之士，不愿膏粱；闻誉之施[21]，奚图文绣[22]。

注释

[1]　修短：修，长。修短，长短。指人的寿命。

[2]　贯：古代串钱的绳索。

[3]　紫标黄榜：南朝梁武帝萧衍的弟弟萧宏封记钱库的名目。百万一聚，挂以黄榜；千万一库，挂以紫榜。

[4]　悬磬（qìng）：磬，古代乐器。悬磬，空磬倒悬。

[5]　儋（dàn）石：同"担石"。儋，通"甔"。一种小口大腹的陶器。儋，容量一石，故称"儋石"。一担之量，形容米粟为数不多。

[6] 在陈：语出《论语·卫灵公》。孔子周游列国，在陈绝粮。后因用"在陈"比喻处于饥饿、困难的境地。

[7] 命蹇（jiǎn）：命运不好。 数奇（shù jī）：指命运不好，遇事多不利。

[8] 甦（sū）：复活，苏醒。 涸鲋：将要干死的鲋鱼。

[9] 庚癸：古代军中隐语。典出《左传·哀公十三年》。庚，西方，主谷；癸，北方，主水。后称向人告贷为"庚癸之呼。"

[10] 㦿廖（yǎn yí）：门闩。

[11] 百里奚：春秋时秦国大夫。百里氏，一说百氏，字里，名奚。原为虞国大夫。虞亡为晋所俘，作为陪嫁之臣送入秦国。后出走到楚，又被楚穆公赎回，与蹇叔、由余等共同帮助穆公建立霸业。

[12] 炊骨：用人骨烧火。 爨（cuàn）骸：煮尸骨为饭。

[13] 伯夷叔齐：商末孤竹君的两个儿子。孤竹君死后，二人互相推让，不愿登位，先后逃到周国。周武王伐纣，二人叩马谏阻。武王灭商后，他们耻食周粟，饿死在首阳山，表明宁可饿死也要保存君臣大义。

[14] 陶朱：指陶朱公范蠡，字少伯，楚国宛（今河南省南阳）人。春秋末越国大夫。曾助越王勾践刻苦图强，灭亡吴国。后游齐国，到陶（今山东省定陶东北），改名陶朱公，以经商致富。 猗顿：春秋末鲁国人。原为贫士，后因学习陶朱公经商之法而大富。

[15] 石崇：西晋富豪。相传宴请宾客时让妓女陪酒，客人不肯饮，他便杀了妓女做酒令。 侑（yòu）酒：劝酒，为饮酒者助兴。

[16] 何曾（199—278）：西晋大臣。字颖考，陈国阳夏（今河南省太康）人。生活奢侈，日食万钱，还说无下箸处。

[17] 王恺：西晋富豪。历位清显，官后将军。曾与石崇斗富。相传用糖饴洗炊具，以显其富有。

[18] 范丹（112—185）：一作范冉。东汉陈留外黄（今河南省杞县东北）人，字史云。通五经。桓帝时，任为莱芜长，不就。生活极贫，有时绝粮，被称为"甑中生尘范史云，釜中生鱼范莱芜。"

[19] 纳履决踵：穿着后跟破了的鞋子。极言生活贫困。

[20] 韦庄：唐朝人。性极吝啬。相传，数米做饭，称柴烧火，烤肉时少一块便可觉察。

[21] 施：施展。

[22] 文绣：刺绣华美的衣服。

疾病死丧

福寿康宁，固人之所同欲；死亡疾病，亦人所不能无。惟智者能调[1]，达人自玉[2]。问人病曰贵体违和[3]，自谓疾曰偶沾微恙[4]。罹病者，甚为造化小儿所苦[5]；患病者，岂是实沈台骀为灾[6]？疾不可疗，曰膏肓；平安无事，曰无恙。采薪之忧[7]，谦言抱病；河鱼之患[8]，系是腹疾。可以勿药，喜其病安；厥疾勿瘳[9]，言其病笃。疟不病君子[10]，病君子正为疟耳；卜所以决疑，既不疑复何卜哉？将属纩[11]，将易箦[12]，皆言人之将死；作古人，登鬼箓[13]，皆言人之已亡。亲死则丁忧[14]，居丧则读礼。在床谓之尸，在棺谓之柩[15]。报丧书曰讣，慰孝子曰唁。往吊曰匍匐[16]，庐墓曰倚庐[17]。寝苫枕块[18]，哀父母之在土；节哀顺变，劝孝子之惜身。男子死曰寿终正寝，女人死曰寿终内寝。天子死曰崩，诸侯死曰薨，大夫死曰卒，士人死曰不禄，庶人死曰死，童子死曰殇。自谦父死曰孤子，母死曰哀子，父母俱死曰孤哀子；自言父死曰失怙，母死曰失恃，父母俱死曰失怙恃。父死何谓考？考者成也，已成事业也；母死何谓妣？妣者媲也，克媲父美也[19]。百日内曰泣血[20]，百日外曰稽颡[21]。期年曰小祥[22]，两期曰大祥[23]。不缉曰斩衰[24]，缉之曰齐衰[25]，论丧之有轻重；九月为大功[26]，五月为小功[27]，言服之有等伦[28]。三月之服曰缌麻[29]，三年将满曰禫礼[30]。孙承祖服，嫡孙杖期[31]；长子已死，嫡孙承重。挽歌始于田横[32]，墓志创于傅奕[33]。树欲静而风不息，子欲养而亲不在，皋鱼增感[34]；与其椎牛而祭墓，不如鸡豚之逮存，曾子兴思[35]。故为人子者，当思木本水源，须重慎终追远[36]。

注释

[1] 调：指调养身体。

[2] 自玉：自我珍重。

[3] 违和：身体失于调理而不适。用于称他人患病的婉词。

[4] 微恙（yàng）：小病。

[5] 造化小儿：戏称司命之神。喻命运。

[6] 实沈（chén）：传说中的参宿之神。 台骀（tái）：传说中的汾水之神。

[7] 采薪之忧：采薪，打柴。采薪之忧，言病不能采薪。

自称有病的婉辞。

[8] 河鱼之患：指腹泻。鱼烂先自腹内始，故有腹疾者，以河鱼为喻。

[9] 瘳（chōu）：病愈。

[10] 疟：疟疾。以疟蚊为媒介，由疟原虫引起的周期性发作的急性传染病。

[11] 属纩（kuàng）：纩，新绵，易动摇。属纩，用新绵放到将死的人鼻前，察其是否断气。

[12] 易箦（zé）：箦，华美的竹席。易箦，调换寝席。据传，春秋鲁国曾参临死时，因所铺的华美竹席只用于大夫，曾参不是大夫，不当用，所以就让儿子为之更换。后因以称人病重将死为"易箦"。

[13] 鬼箓：亦作"鬼录"。迷信者所谓阴间死人的名簿。

[14] 丁忧：旧称遭父母之丧为"丁忧"。

[15] 柩（jiù）：已装尸体的棺材。

[16] 匍匐（pú fú）：手足并行。

[17] 庐墓：古人于父母或师长死后，服丧期间在墓旁搭盖小屋居住，守护坟墓，谓之庐墓。

[18] 寝苫枕块：铺草苫，枕土块。古时居父母之丧的礼节。

[19] 美：此指美德。

[20] 泣血：无声痛哭，泪如血涌。一说，泪尽血出。形容悲伤到极点。

[21] 稽颡（qǐ sǎng）：古代居父母之丧时，跪拜宾客以额触地，表示极度悲痛。

[22] 期（jī）：人死后一周年。　小祥：古时父母丧后周年

的祭名。

[23] 大祥：古时父母丧后两周年的祭礼。

[24] 缉（今读 qī）：缝衣边。 斩衰（cuī）：亦作"斩縗"。旧时五种丧服中最重的一种。用粗麻布制成，左右和下边不缝。服期三年。凡子及未嫁女为父，承重孙为祖父，妻为夫，都服之。

[25] 齐衰（zī cuī）：旧时五种丧服之一。次于斩衰。用粗麻布制成，因其缉边，故称"齐衰"。服期有一年的，如孙为祖父母，夫为妻；有五月的，如为曾祖父母；有三月的，如为高祖父母。

[26] 大功：旧时五种丧服之一。用熟麻布制成，较齐衰为细，较小功为粗。服期九个月。凡为堂兄弟、未嫁的堂姊妹，已嫁的姑、姊妹，又已嫁女的伯父母、兄弟等，皆服之。

[27] 小功：旧时五处丧服之一。用较细的熟麻布制成。服期为五个月。凡本宗为曾祖父母、伯叔祖父母、堂伯叔父母，未嫁祖姑、堂姑，已嫁堂姊妹，兄弟妻，从堂兄弟及未嫁从堂姊妹，又外亲为外祖父母、母舅、母姨等，皆服之。

[28] 等伦：等级伦次。

[29] 缌（sī）麻：旧时五种丧服中最轻的一种。用细麻布制成。服期为三个月。凡本宗为高祖父母、曾伯叔祖父母、族伯叔父母、族兄弟及未嫁族姊妹，又外姓中为中表兄弟、岳父母等，皆服之。

[30] 禫礼：即禫祭礼。除丧服的祭祀。

[31] 杖期（jī）：旧时的一种服丧礼制。杖，居丧时拿的

棒；期，是一年之丧。期服用杖的称"杖期"；不用杖的则称"不杖期"。如，嫡子、众子为庶母丧，服杖期。夫为妻丧，如父母不在，服杖期；若父母在，则服不杖期。

[32] 田横（？—前202）：秦末狄县（今山东省高青东南）人。本齐国贵族。秦末从兄起兵，重建齐国。楚汉战争中自立为齐王，不久为汉军所破。汉朝建立，因不愿称臣于汉，自杀。相传，随从者将其首级献于高祖，暗藏哀情，不敢哀哭，只用手挽索唱歌。有人认为挽歌即始于此。

[33] 傅奕（555—639）：唐初学者。相州邺（今河北省临漳西南）人。精天文历数。曾任太史令。相传，他醉卧三日，忽然自己做一段墓志："傅奕，青山白云人也。"随后便醉死了。

[34] 皋鱼：春秋鲁国人。相传，孔子赴齐，途中闻皋鱼在哭，孔子下车问故，皋鱼回答说："树欲静而风不息，子欲养而亲不在。"最后哀哭而死。

[35] "与其椎牛"三句：椎牛，杀牛。这三句是说，与其杀牛在坟地祭祀父母，还不如活着时杀鸡宰猪奉养他们。这是曾子读《礼记》时产生的想法。

[36] 慎终追远：终，指父母丧；远，指祖先。慎终追远，是说居父母丧，祭祀祖先，要依礼尽哀，要恭敬虔诚。

卷　四

文　事

　　多才之士，才储八斗[1]；博学之儒，学富五车[2]。三坟五典[3]，乃三皇五帝之书；《八索》《九丘》[4]，是八泽九州之志。《书经》载上古唐虞三代之事，故曰《尚书》；《易经》乃姬周文王、周公所系[5]，故曰《周易》。二戴曾删《礼记》[6]，故曰《戴礼》；二毛曾注《诗经》[7]，故曰《毛诗》。孔子作《春秋》，因获麟而绝笔[8]，故曰《麟经》。荣于华衮[9]，乃《春秋》一字之褒[10]；严于斧钺[11]，乃《春秋》一字之贬。缥缃黄卷[12]，总谓经书；雁帛鸾笺[13]，通称简札[14]。锦心绣口[15]，李太白之文章[16]；铁画银钩[17]，王羲之之字法[18]。雕虫小技，自谦文学之卑；倚马可待，羡人作文之速。称人近来进德，曰士别三日，当刮目相看；羡人学业精通，曰面壁九年，始有此神悟。五凤楼手[19]，称文字之精奇；七步奇才[20]，羡天才之敏捷。誉才高，曰今之班马[21]；羡诗工，曰压倒元白[22]。汉晁错多智[23]，景帝号为智囊；王仁裕多诗[24]，时人谓之诗窖。骚客即是诗人[25]，誉髦乃称美士[26]。自古诗称李杜[27]，至今字仰钟王[28]。白雪阳春[29]，是难和难赓之韵[30]；青钱万选[31]，乃屡试屡中之文。惊神泣鬼，皆言词赋之雄豪；遏云绕梁，原是歌音之嘹亮。涉猎不精，是多学之弊；咿唔佔毕[32]，皆读书之声。连篇累牍，总说多文；寸楮尺素[33]，通称简札。以物求文，谓之润笔之资；因文得钱，乃曰稽古之力[34]。文章全美，曰文不加点；文章奇异，曰机杼一家[35]。应试无文，谓之曳白[36]；书成绣梓[37]，谓之杀青[38]。袜线之才[39]，自谦才短；记问之学，自愧学肤。裁诗曰推敲[40]，旷学曰作辍。文章浮薄，何殊月露风云[41]；典籍储藏，皆在兰台石室[42]。秦始皇无道，焚书坑儒；唐太宗好文，开科取士。花样不同，乃谓文章之异；潦草塞责，不求辞语之精。邪说曰异端，又曰左道[43]；读书曰肄业[44]，又曰藏修[45]。作文曰染翰操觚[46]，从师曰执经问难。求作文，曰乞挥如椽笔；羡高文，曰才是大方家[47]。竞尚佳章，曰洛阳纸贵；不嫌问难，曰明镜不疲[48]。称人书架曰邺架[49]，称人嗜学曰书淫[50]。白居易生七月[51]，便识"之无"二字；唐李贺才七岁[52]，作《高轩过》一篇。开卷有益，宋太宗之要语[53]；不学无术，汉霍光之为人[54]。汉刘向校书于天禄[55]，太乙燃藜[56]；赵匡胤代位于后周[57]，陶谷出诏[58]。江淹梦笔生花[59]，文思大进；扬雄梦吐白凤[60]，词赋愈奇。李守素通姓氏之学[61]，敬宗名为人物志[62]；虞世南晰古今之理[63]，太宗号为行秘书[64]。茹古含今[65]，皆言学博；咀英嚼华[66]，总曰文新。文望尊隆，韩退之若泰山北斗[67]；涵养纯粹，程明道如良玉精金[68]。李白才高，咳唾随风生珠玉；孙绰词丽[69]，诗赋掷地作金声。

注释

[1] 才储八斗：本作"才高八斗"。据《释常谈·八斗之才》载，南朝诗人谢灵运推崇三国魏曹子建的才学，曾说："天下的才学共有一石，曹子建独得八斗，我得一斗，其他人共分一斗。"后因以"才高八斗"形容富于文才。

[2] 学富五车：形容学问渊博。这是庄子赞扬惠施的话。

[3] 三坟：三皇之书。传说中我国最古的书籍。
五典：五帝之书。传说中的上古五部经典。

[4] 八索：古书名。一说，八索为八泽之志；一说，八卦之说谓之八索。 九丘：九州之志，谓之九丘。传说中我国最古的书名。

[5] 姬周：周朝姓姬，故以姬周指周朝。

[6] 二戴：指汉朝的戴德、戴圣。

[7] 二毛：指汉朝的毛亨、毛苌。毛亨，相传是古文诗学"毛诗学"的开创者。一说西汉鲁人，一说西汉河间人。据说其诗学传自子夏，曾作《毛诗故训传》，以授毛苌，世称"大毛公"。毛苌，相传是古文诗学"毛诗学"的传授者。西汉赵人。据说其诗学传自毛亨，称为"小毛公"。

[8] 获麟：指春秋鲁哀公十四年猎获麒麟事。相传孔子作《春秋》至此而辍笔。

[9] 华衮（huá gǔn）：古代王公贵族的多彩的礼服。

[10] 一字之褒：指在《春秋》上褒扬一个字（比穿上华美的官服还感荣耀）。

[11] 斧钺（yuè）：亦作"斧戊"。此指古代的刑具。

[12] 缣（jiān）缃：古代供书写用的浅黄色细绢。此指书册。 黄卷：指书籍。古代写书用纸，以黄檗（bò）汁染过，可以防虫。

[13] 雁帛：指书信。 鸾笺：印有花木麟鸾花纹的彩色信笺。此指书信。

[14] 简札：古代用以书写的竹简木札。此指书信。

[15] 锦心绣口：比喻优美的文思，华丽的辞藻。

[16] 李太白：即李白（701—762），字太白，号青莲居士，祖籍陇西成纪（今甘肃省秦安东），幼时随父迁居绵州昌隆（今四川省江油县）青莲乡。唐代大诗人。天宝初供奉翰林。其诗富有积极浪漫主义精神，对后世影响很大。有《李太白集》。

[17] 铁画银钩：指书法的笔画既刚劲，又柔媚。

[18] 王羲之（321—379）：字逸少。官至右军将军，人称王右军。东晋大书法家。备精诸体，尤擅楷行，字势雄强多变，为历代学者所崇尚，对后代书法影响颇大。书迹刻本甚多。

[19] 五凤楼手：五凤楼是唐代洛阳有名的楼阁。宋韩洎说自己写文章，好比是造五凤楼的能手。以后喻文章巨匠为五凤楼手。

[20] 七步奇才：指三国魏曹植七步成诗。

[21] 班马：指班固、马融。班固（32—92），东汉史学家、文学家。字孟坚，扶风安陵（今陕西省咸阳东北）人。曾任兰台令史、典校秘书。修成《汉书》，并著有《两都城》等。后人辑有《班兰台集》。

[22] 压倒元白：元白，指元稹和白居易。唐朝的杨汝士和大诗人元稹、白居易在宴会上比作诗，杨最后写成，也最好。元白看后为之失色。杨汝士回家对弟子说，"今日我的诗压倒元白了。"后称作品超越同时代著名作家为"压倒元白"。

[23] 晁错（前200—前154）：西汉政论家。颍川（治今河南省禹县）人。曾为太子家令，得太子（即景帝）信任，号"智囊"。景帝时任御史大夫，坚持"重本抑末"等政策，建议景帝削夺诸侯王国的封地，以巩

固中央集权制度。后吴楚等七国以诛晁错为名，发动叛乱，被谮而死。著有《论贵粟疏》等政论文章。

[24] 王仁裕：五代时期人。曾著诗万篇，号为诗窖子。

[25] 骚客：骚，悲愤之辞。后世便称善诗者为骚客。

[26] 誉髦：语出《诗·大雅·思齐》。后以"誉髦"指有名望的英杰之士。

[27] 李杜：指李白和杜甫。杜甫（712—770），唐朝大诗人。原籍襄阳，生于巩县（今属河南省）。肃宗时官左拾遗，世称杜拾遗，尝自称少陵野老。后一度在剑南节度使严武幕中任参谋，武表为检校工部员外郎，故后人又称杜工部。其诗显示出唐朝由盛转衰的历史过程，后人称之为"诗史"。有《杜工部集》。

[28] 钟王：指钟繇和王羲之。钟繇（151—230），三国时魏大臣、书法家。字元常，颍川长社（今河南省长葛东）人。精工书法，兼善各体，尤精隶楷。真迹不传，有《贺捷》《宣示》等帖，为后人所临摹。

[29] 白雪阳春：战国时期楚国的两支高雅歌曲。后亦用泛指高雅的诗歌和其他文学艺术。

[30] 和（hè）：以诗歌酬答。 赓：连续。

[31] 青钱万选：据《新唐书·张荐传》载，唐朝人赞美张鷟的文章言辞优美，如上好的青铜钱，万选万中，时人称他为"青钱学士"。后人以"青钱万选"比喻文辞出众。

[32] 佔（chān）毕：亦作"佔哔"。指经师不解经义，但视简上文学诵读以教人。亦泛称诵读。

[33] 寸楮（chǔ）：楮，纸的代称。寸楮，指短信。
尺素：小幅的绢帛。古人多用以写信，故指书信。

[34] 稽古：研习古事。

[35] 机杼（zhù）一家：典出《魏书·祖莹传》。比喻诗文新巧奇特，自成一家。

[36] 曳（yè）白：考试交白卷。

[37] 绣梓：精美的刻版印刷。古代书版以梓木为上，故称。

[38] 杀青：古人著书写于竹简上，为了便于书写和防虫蛀，先用火烤竹简，让它出汗，谓之杀青。后泛指书稿写定。

[39] 袜线之才：前蜀朝士李台嘏批评大学士韩昭，说他的技艺"如拆袜线，无一条长的"。后因谓艺多而无一精者。亦比喻才学短浅。

[40] 裁诗：作诗。

[41] 月露风云：指浮薄的文章如月下露滴、风吹浮云，没有生命力。

[42] 兰台：汉代宫内收藏典籍之处。 石室：古代藏书的地方。

[43] 左道：邪门旁道。多指非正统的巫蛊、方术等。

[44] 肄（yì）业：修习学业。

[45] 藏修：立志向学，修习学业。

[46] 染翰：用笔蘸墨。指作诗文。 操觚（gū）：觚，写字的木简。操觚，执简写作。

[47] 大方家：即"大方之家"。指学识渊博、明晓大道的人。

[48] 明镜不疲：明镜屡屡使用也不感疲劳。喻人有智慧用多了也无妨。

[49] 邺架：唐朝李泌封为邺侯，藏书甚多，光书架就分为

甲乙丙丁四部分。后因以"邺架"比喻藏书处。

[50] 书淫：旧称嗜书成癖、好学不倦的人。

[51] 白居易（772—846）：字乐天，晚年号香山居士，其先太原（今属山西省）人，后迁居下邽（今陕西省渭南东北）。唐代大诗人。曾官左拾遗等，因得罪权贵，贬为江州司马，后官至刑部尚书。为新乐府运动倡导者。诗风平易，语言通俗。有《白氏长庆集》。

[52] 李贺（790—816）：字长吉，福昌（今河南省宜阳西）人。曾官奉礼部。因避家讳，被迫不得应进士科考试，韩愈为之作《讳辨》。据说七岁能文，名惊京师，片刻写就《高轩过》一诗。

[53] 宋太宗：宋代皇帝赵光义。

[54] 霍光（？—前68）：西汉大臣。字子孟，河东平阳（今山西省临汾西南）人。武帝时，为奉车都尉。昭帝年幼即位，与桑弘羊共同辅政，任大司马、大将军。昭帝死，迎立宣王。执政期间，轻徭薄赋，有助于生产发展。班固在赞其功绩时，亦曾指出"霍光不学无术，闇于大理"。

[55] 刘向（约前77—前6）：本名更生，字子政，沛（今江苏省沛县）人。西汉经学家、目录学家、文学家。曾任谏大夫、宗正等，终中垒校尉。校阅群书，撰成《别录》。有辞赋三十三篇。另有《新序》《说苑》等。著述甚多。 天禄：指天禄阁。汉代宫中藏书阁。汉高祖时创建，在未央宫内。

[56] 太乙：天神名。 藜：指藜杖。

[57] 赵匡胤：即宋太祖，宋王朝的建立者。

[58] 陶谷出诏：相传赵匡胤发动"陈桥兵变"，篡夺了后

周皇位。后周皇帝设有禅让诏书，陶谷从袖中取出写好的诏书，交给了赵匡胤的使者。

[59] 江淹（444—505）：字文通，济阳考城（今河南省兰考东）人。南朝梁文学家。官至金紫光禄大夫。早年即以文章著名，晚年所作诗文不如前期，人称"江郎才尽"。后人揖有《江文通集》。 梦笔生花：此指江淹少时，梦人授以五彩笔，便文采俊发。

[60] 扬雄：汉代辞赋家、哲学家。相传著《太玄经》时，梦见自己吐一只白凤，落在纸上，后以此典称誉文才俊逸成诗文秀美之人。

[61] 李守素：唐朝赵州人。通姓氏学。

[62] 敬宗：即许敬宗。唐朝大臣。

[63] 虞世南（558—638）：字伯施，越州余姚（今浙江省余姚）人。唐初大臣、书法家。官至秘书监。太宗称他有五绝，即德行、忠直、博学、辞藻、书翰。

[64] 秘书：唐太宗对虞世南的美称。后用以泛称博学强记的人。

[65] 茹古含今：犹言博古通今。

[66] 咀（jǔ）英嚼华：比喻口中吟咏的都是精彩的文句。

[67] 韩退之：即韩愈。

[68] 程明道：即程颢（1032—1085），字伯淳，学者称明道先生，洛阳人。北宋哲学家、教育家。与其弟程颐同为北宋理学创立者。他们的学说为朱熹所继承和发展，世称程朱学派。著有《定性书》《识仁篇》等。

[69] 孙绰（314—371）：东晋文学家。字兴公，太原中都（今山西省平遥西北）人。官至廷尉卿，领著作。以文才著称。善诗赋。明人辑有《孙廷尉集》。

科　　第

士人入学曰游泮[1]，又曰采芹[2]；士人登科曰释褐[3]，又曰得隽[4]。宾兴即大比之年[5]，贤书乃试录之号[6]。鹿鸣宴[7]，款文榜之贤；鹰扬宴[8]，待武科之士。文章入式，有朱衣以点头[9]；经术既明[10]，取青紫如拾芥[11]。其家初中[12]，谓之破天荒；士人超拔，谓之出头地。中状元，曰独占鳌头；中解元[13]，曰名魁虎榜[14]。琼林赐宴[15]，宋太宗之伊始；临轩问策[16]，宋神宗之开端[17]。同榜之人，皆是同年；取中之官，谓之座主[18]。应试见遗[19]，谓之龙门点额[20]；进士及第，谓之雁塔题名[21]。贺登科，曰荣膺鹗荐[22]；入贡院[23]，曰鏖战棘闱[24]。金殿唱名曰传胪[25]，乡会放榜曰撤棘[26]。攀仙桂，步青云[27]，皆言荣发；孙山外[28]，红勒帛[29]，总是无名。英雄入吾彀[30]，唐太宗喜得佳士；桃李属春官[31]，刘禹锡贺得门生[32]。薪，采也，樾，积也，美文王作人之诗[33]，故考士谓之薪樾之典[34]；汇，类也，征，进也，是连类同进之象，故进贤谓之汇征之途[35]。赚了英雄[36]，慰人下第；傍人门户[37]，怜士无依。虽然，有志者事竟成，伫看荣华之日[38]；成丹者火候到，何惜烹炼之功。

注释

[1]　游泮（pàn）：明清科举制度，经州县考试录取为生员者而入学的，称为入泮，也称游泮。泮指泮宫，即古代学宫。

[2]　采芹：古时学宫有泮水，入学则可采水中之芹以为菜，故称入学为采芹。

[3]　释褐：脱去平民衣服。喻始任官职。

[4] 得隽(juàn)：隽，中式，中选。得隽，及第。

[5] 宾兴：科举时代，地方设宴招待应举之士。亦指乡试。　大比：科举时代称乡试为大比。

[6] 贤书：贤能之书。即举荐贤能的名录。因以"贤书"指考试中式的名榜。　试录：明清时，将乡试、会试中式的举子姓名、籍贯、名次及其文章汇聚刊刻成册，名为试录。

[7] 鹿鸣宴：亦作"鹿鸣筵。"科举时代，乡试后由州县长官宴请考官及中式诸生的宴会。

[8] 鹰扬宴：科举制度中，武科乡试放榜后，考官和考中武举者共同参加的宴会。

[9] 朱衣点头：据《天中记》载，欧阳修主持科举考试，每阅考试卷时，觉得有个穿红衣的人在暗中点头，凡此文章就入选。后因称科举中选为"朱衣点头"。

[10] 经术：犹经学。研究经书的学问。

[11] 青紫：本指古时公卿绶带之色，因用以借指高官显爵。

[12] 初中(zhòng)：初次考中。

[13] 解元：科举时代乡试第一名称"解元"。

[14] 魁：首选，第一名。　虎榜：龙虎榜的简称。科举时代考中进士的榜文上画有龙虎，故称。此指乡试榜文。

[15] 琼林赐宴：宋朝初年，太宗在琼林苑赐宴新科进士，后成定例，叫琼林宴。

[16] 轩：皇宫殿前的平台。　问策：策问。汉以来取士，以政事、经义等设问写在简策上使之条对，后称试士的考题为策问。

[17] 宋神宗：即赵顼（1048—1085），北宋皇帝。公元1067—1085年在位。其间任用王安石变法，国力渐强。多次抵御西夏进攻，均未成功。所行新法也在他死后被废弃。

[18] 座主：唐宋时进士称主试官为座主。

[19] 见遗：被遗弃。此指应试落第。

[20] 龙门点额：龙门，即禹门口。在山西省河津县西北和陕西省韩城市东北。旧传春天鲤鱼溯流而上，跳过龙门的就化为龙，否则，点额而回。故以"龙门点额"喻仕途失意或科场落第。

[21] 雁塔题名：唐代故事。新科进士在曲江会宴后，常题名于雁塔。后因以"雁塔题名"指进士及第。

[22] 膺：承受，接受。 鹗荐：据《荐祢衡表》载，东汉孔融向皇上推荐祢衡，说："鸷鸟累百，不如一鹗。使衡立朝，必有可观。"后用"鹗荐"称举荐贤才。

[23] 贡院：科举时代考试士子的场所。

[24] 棘闱（wéi）：同"棘围"。科举时代，为防弊端，用荆棘把试院围起来，故称。

[25] 传胪（lú）：科举时代，殿试揭晓唱名的一种仪式。殿试公布名次之日，皇帝至殿宣布，由阁门承接，传于阶下，卫士齐声传名高呼，谓之传胪。

[26] 乡会：乡试与会试的并称。 撤棘：撤去科举考场周围的荆棘，表示考事已毕。

[27] 攀仙桂、步青云：均喻科举登第。

[28] 孙山外：据《过庭录》载，吴人孙山，同一乡人子同去他郡应考，揭榜后孙山名列榜末。乡人子未去看榜，他问孙山自己考中没有。孙山说："解名尽处是

孙山,贤郎更在孙山外。"后遂以"名落孙山"为落第的代称。

[29] 红勒帛:据《梦溪笔谈·人事一》载,宋刘几为国学第一人,写文章好险怪之语,众人仿效,相演成俗。欧阳修对此深恶痛绝。他主持考试,见有此类文章便自首至尾用大红笔抹掉,谓之"红勒帛"。后因指以朱笔涂抹文字为"红勒帛"。

[30] 入彀(gòu):语出《唐摭言》。彀,指彀中,即弓箭射程之内。后因以"入彀"比喻人才入其掌握,被笼络网罗。

[31] 桃李:喻指众多的学生或人才。 春官:唐代光宅年间曾改礼部为春官,后"春官"遂为礼部的别称。

[32] 刘禹锡(772—842):唐代文学家、哲学家。字梦得,洛阳人。官监察御史,被贬后,又升任检校礼部尚书。有《刘梦得文集》。

[33] "美文王"句:是说《诗·大雅·棫朴》是赞美周文王培育人才的诗。

[34] 薪槱(yǒu):语出《诗·大雅·棫朴》。薪,采集;槱,积聚。薪槱,喻贤良的人才或选拔贤良的人才。

[35] 汇征:出自《易·泰》。汇,类聚;征,进行。汇征,连类而进。引申为进用贤者。

[36] 赚了英雄:骗了有才学的人。是说唐代科举考试甚难,老死文场者大有人在,当时的人说:"太宗皇帝真长策,赚得英雄尽白头。"人们安慰那些进士不能及第的人,叫做英雄都受骗了,你何必不快。

[37] 傍人门户:本言依赖他人,不能自主。此指科举落第。唐朝章孝标的下第诗"连云大厦无栖处,更傍谁

家门户飞。"是对那些无依无靠士人命运的担忧。

[38] 伫：久立。

制　　作

上古结绳记事，苍颉制字代绳[1]。龙马负图[2]，伏羲因画八卦[3]；洛龟呈瑞，大禹因列九畴[4]。历日是神农所为[5]，甲子乃大挠所作[6]。算数作于隶首[7]，律吕造自伶伦[8]。甲胄舟车[9]，系轩辕之创始；权量衡度，亦轩辕之立规。伏羲氏造网罟[10]，教佃渔以赡民用[11]；唐太宗造册籍，编里甲以税田粮[12]。兴贸易，制耒耜[13]，皆由炎帝[14]；造琴瑟，教嫁娶，乃是伏羲。冠冕衣裳，至黄帝而始备；桑麻蚕绩，自元妃而始兴[15]。神农尝百草，医药有方；后稷播百谷，粒食攸赖。燧人氏钻木取火，烹饪初兴；有巢氏构木为巢，宫室始创。夏禹欲通神祇[16]，因铸镛钟于郊庙[17]；汉明尊崇佛教[18]，始立寺观于中朝[19]。周公作指南车，罗盘是其遗制；钱乐作浑天仪[20]，历家始有所宗。育王得疾[21]，因造无量宝塔；秦政防胡[22]，特筑万里长城。叔孙通制立朝仪[23]，魏曹丕秩序官品[24]。周公独制礼乐，萧何造立律条。尧帝作围棋，以教丹朱[25]；武王作象棋，以象战斗。文章取士，兴于赵宋[26]；应制以诗，起于李唐[27]。梨园子弟[28]，乃唐明皇作始；《资治通鉴》[29]，乃司马光所编。笔乃蒙恬所造，纸乃蔡伦所为。凡今人之利用，皆古圣之前民[30]。

注释

[1] 苍颉：亦作"仓颉"。旧传为黄帝的史官，汉字的创造者。

[2] 龙马：古代传说中一种龙头马身的神兽。

[3] 八卦：《周易》中的八种具有象征意义的基本图形，每个图形用三个分别代表阳的"—"（阳爻）和代表阴的"--"（阴爻）组成。名称是，乾（☰）、坤（☷）震（☳）、巽（☴）、坎（☵）、离（☲）、艮（☶）、兑（☱）。相传是伏羲所作。《易传》作者认为八卦主要象征天、地、雪、风、水、火、山、泽八种自然现象。

[4] 九畴：畴，类。九畴，传说中天帝赐给禹治理天下的九类大法，即《洛书》。

[5] 历日：日历，历书。

[6] 甲子：甲，天干的首位；子，地支的首位。古代以天干（甲、乙、丙、丁、戊、己、庚、辛、壬、癸）和地支（子、丑、寅、卯、辰、巳、午、未、申、酉、戌、亥）递次相配，如甲子、乙丑、丙寅之类，统称甲子。从甲子起至癸亥止，共配六十个，故又称六十甲子。古人用以纪日或纪年。 大挠：传说中黄帝之臣，曾创造六十甲子。

[7] 隶首：传说中黄帝之臣，曾发明算术。

[8] 伶伦：一作"泠伦"。传说中黄帝乐官，曾创造乐律。

[9] 甲胄：古代作战用的铠甲、头盔。

[10] 网罟（gǔ）：捕鱼及捉鸟兽的工具。

[11] 佃（tián）渔：猎兽和捕鱼。 赡（shàn）：供给，供养。

[12] 里甲：古代统治居民的基层单位。

[13] 耒耜（lěi sì）：古代耕地翻土的农具。耒是耒耜的柄，耜是耒耜下端的起土部分。

[14] 炎帝：传说中上古姜姓部族首领。号烈山氏，一作厉山氏。原居姜水流域，后向东发展到中原地区。曾与黄帝战于阪泉（今河北省涿鹿东南），被打败。一说炎帝即神农氏。

[15] 元妃：黄帝之妻，名嫘祖。传说由她创造养蚕治丝的方法。

[16] 神祇（qí）：天神和地神。

[17] 镛钟：大钟。

[18] 汉明：指东汉明帝刘庄。

[19] 寺观：佛寺和道观。僧人所居曰寺，道士所居曰观。中朝：指中国。

[20] 钱乐：南朝宋人。曾仿汉张衡造浑天仪。 浑天仪：又称"浑仪"。我国古代观测天体位置的仪器。

[21] 育王：即阿育王（？—前232）。古印度摩揭陀国孔雀王朝的国王。在位期间，使古印度成为历史上最强盛的时期。后归信佛教，广建寺塔。据传，因得病，一天一夜造成八万四千个宝塔。

[22] 秦政。指秦始皇。

[23] 叔孙通：汉初薛人（今山东省滕州市东南）人。曾为秦博士。归刘邦后，任博士。曾选古礼，结合秦制，制订汉朝的朝廷礼仪制度。

[24] 曹丕（187—226）：字子桓，谯（今安徽省亳州）人。曹操次子。操死后，袭位为魏王。实行"九品中正"制，确立了士族门阀在政治上的特权。不久代汉称帝，建立魏国，都洛阳。爱好文学，创作和理论都有成就。

[25] 丹朱：传说中尧之子。名朱，因居丹水，名为丹朱。

傲慢荒淫，尧因禅位于舜。

[26] 赵宋：宋朝皇帝姓赵，故称宋朝为"赵宋"。

[27] 李唐：唐朝皇帝姓李，故称唐朝为"李唐"。

[28] 梨园子弟：唐玄宗时梨园宫廷歌舞艺人的通称。唐以后泛指戏曲演员。

[29] 《资治通鉴》：北宋司马光主持编撰的一部杰出的编年史。共三百多万字。叙述从战国至五代一千三百多年的历史。宋神宗以其"鉴于往事，有资于治道"，命名为《资治通鉴》。该书对研究我国古代历史有重要的参考价值。

[30] "凡今人"二句：意思是说，凡今人利用的一切，都是古人圣贤在民用之前创制的。这种说法不完全符合历史事实，因为有许多重要的发明创造都出自劳动人民之手。

技　艺

医士业岐轩之术[1]，称曰国手；地师习青乌之书[2]，号曰堪舆[3]。卢医扁鹊[4]，古之名医；郑虔崔白[5]，古之名画。晋郭璞得《青囊经》[6]，故善卜筮地理[7]；孙思邈得龙宫方[8]，能医虎口龙鳞。善卜者，是君平詹尹之流[9]；善相者，即唐举子卿之亚[10]。推命之人即星士[11]，绘图之士曰丹青。大风鉴[12]，相士之称[13]；大工师，木匠之誉。若王良[14]，若造父[15]，皆善御之人；东方朔[16]、淳于髡[17]，系滑稽之辈。称善卜卦者，曰今之鬼谷[18]；称善记怪者，曰鬼之董狐[19]。称诹日之人曰太史[20]，称书算之人曰掌文[21]。掷骰者，喝雉呼卢[22]；善射者，穿杨贯虱[23]。樗蒲之戏[24]，乃云双陆[25]；橘中之乐[26]，是说围棋。陈平作傀儡，解汉高白登之围[27]；孔明造木牛，辅刘备运粮之计[28]。公输子削木鸢[29]，飞天至三日而不下；张僧繇画壁龙，点睛则雷电而飞腾[30]。然奇技似无益于人[31]，而百艺则有济于用。

注释

[1] 岐轩：岐伯与轩辕氏的并称。岐伯，传说中的古代名医。相传黄帝（即轩辕氏）曾与岐伯论医，以问答形式写成《内经》。后世因称中医学为"岐轩之术"（或"岐黄之术"）。

[2] 地师：旧时看风水的人。 青乌：即青乌子。传说中古代的堪舆家。

[3] 堪舆：堪，指天道；舆，指地道。堪舆，指称天地。后称以相地看风水为职业的人为堪舆家。

[4] 卢医：春秋时名医扁鹊的别称。因其家在卢国，故称。 扁鹊：战国时名医。姓秦，名越人，渤海郡鄚（今河北省任丘）人。有丰富的医疗实践经验，擅长各科。遍游各地行医，反对巫术治病。因其医术和轩辕时扁鹊类似，故称扁鹊。后因诊治秦武王病，被秦太医令妒忌杀害。

[5] 郑虔：唐代画家。字弱齐，郑州荥阳（今属河南省）人。爱弹琴，与李白、杜甫为诗酒交。擅书画，当时有"郑虔（诗、书、画）三绝"之誉。
　　崔白：北宋画家。字子西，濠梁（今安徽省凤阳东）人。擅画花竹、禽鸟，尤工秋荷凫雁，也画人物和佛道、鬼神、走兽、山林。存世作品有《双喜图》《寒

雀图》等。

[6] 郭璞（276—324）：晋文学家、训诂学家。字景纯，河东闻喜（今属山西省）人。博学，好古文奇字。传说他从仙人郭公那里得到《青囊经》九卷，便精通了天文占卜之术。著有《尔雅注》《尔雅音》《尔雅图》等。

[7] 卜筮（shì）：古时预测吉凶，用龟甲称卜，用蓍草称筮，合称卜筮。

[8] 孙思邈（581—682）：唐代医学家。京兆华原（今陕西省耀县）人。一生致力于医药研究工作。著有《千金方》等。传说他救治一条青蛇，是龙子，龙王召他到龙宫，授予《水府药方》三十首。后来，他为病龙治鳞，为老虎取出吞下的一枚金钗。

[9] 君平：即严君平。蜀（今四川省）人。西汉隐士。一生不愿做官，以占卜为生。　詹尹：即郑詹尹。战国时楚国掌占卜的官。

[10] 唐举：战国时秦国人。善相面。　子卿：春秋时郑国人。善相面。　亚：同类。

[11] 星士：以星命术为人推算命运的术士。

[12] 风鉴：指以谈相论命为职业的人。

[13] 相士：旧时以谈命相为职业的人。

[14] 王良：春秋时晋国人。

[15] 造父：周穆王的车夫。

[16] 东方朔（前154—前93）：西汉文学家。字曼倩。武帝时为太中大夫。性诙谐滑稽，善辞赋。明人辑有《东方先生集》。

[17] 淳于髡：战国时齐国学者。赘婿出身。以博学、滑稽

著称。

[18] 鬼谷：即鬼谷子。战国时楚国人。本名王翊，因隐居鬼谷，人称鬼谷子。长于养性持身和纵横捭阖之术。

[19] 董狐：春秋时晋国史官。旧时誉为良史。

[20] 诹（zuō）日：选择吉日。

[21] 掌文：掌管文事。

[22] 雉（zhì）：骰子上的红点。 卢：骰子上的黑点。

[23] 贯虱：典出《列子·汤问》。指射穿虱子心。极言善射。

[24] 樗蒲（chū pú）：亦作"樗蒲"。古代的一种博戏。

[25] 双陆：亦称"双鹿"。古代的一种博戏。

[26] 橘中之乐：传说古代一巴邛人家中有两个大橘子，剖开后，每个里面都有两个老人相对下围棋，谈笑自若。一个说："橘中之乐不减商山。"事见《玄怪录·巴邛人》。

[27] "陈平作傀儡"二句：据《事物纪原·博弈嬉戏·傀儡》载，汉高祖刘邦被匈奴王冒顿单于围困在平城白登山。冒顿妻阏氏生性嫉妒。高祖采用谋士陈平计，造傀儡美人立于城上跳舞。阏氏以为是真人，担心破城后冒顿会纳跳舞的美人为妾，便劝丈夫退去。白登之围被解。

[28] "孔明造木牛"二句：据《三国志·蜀志·诸葛亮传》载，三国时诸葛亮在祁山与曹军作战，大造木制独轮车和四轮车，辅佐刘备运输军粮，犒劳将士。

[29] 公输子：即鲁班。春秋时鲁国巧匠。 木鸢（yuān）：古时用木头做的像鹞鹰的飞行器。

[30] "张僧繇画壁龙"二句：据《历代名画记·张僧繇》

载,南朝画家张僧繇在寺庙的墙上画了四条龙,总不点画眼睛。他解释说,一点睛龙就飞走了。人们以为荒诞,请他点上。果然,雷电破壁,点睛的两龙乘势腾飞而去,未点睛的二龙见在。

[31] 奇技:奇特的技艺。此指没有用处的技艺。

讼　狱

世人惟不平则鸣,圣人以无讼为贵。上有恤刑之主,桁杨雨润[1];下无冤枉之民,肺石风清[2]。虽囹圄便是福堂,而画地亦可为狱[3]。与人搆讼[4],曰鼠牙雀角之争[5];罪人诉冤,有抢地吁天之惨[6]。狴犴猛犬而能守[7],故狱门画狴犴之形;棘木外刺而里直[8],故听讼在棘木之下[9]。乡亭之系有岸[10],朝廷之系有狱,谁敢作奸犯科?死者不可复生,绝者不可复续,上当原情定罪。囹圄是周狱,羑里是商牢[11]。桎梏之设[12],乃拘罪人之具;缧绁之中[13],岂无贤者之冤?两争不放,谓之鹬蚌相持;无辜牵连,谓之池鱼受害[14]。请公入瓮[15],周兴自作其孽;下车泣罪[16],夏禹深痛其民。好讼曰健讼,挂告曰株连[17]。为人解讼,谓之释纷;被人栽冤,谓之嫁祸。徒配曰城旦[18],遣戍是问军[19]。三尺乃朝廷之法[20],三木是罪人之刑[21]。古之五刑,墨劓剕宫大辟[22];今之律例[23],笞杖死罪徒流[24]。上古时削木为吏[25],今日之淳风安在?唐太宗纵囚归狱[26],古人之诚信可嘉。花落讼庭闲,草生囹圄静,歌何易治民之简[27];吏从冰上立,人在镜中行,颂卢奂折狱之清[28]。可见治乱之药石,刑罚为重;兴平之粱肉[29],德教为先。

注释

[1] 桁（háng）杨雨润：桁杨，加在犯人颈上或脚上的刑具。亦泛指刑具。桁杨雨润，是说圣明的君主对犯人不得已用了刑，也是出于教人改恶从善，如同雨露的润泽。

[2] 肺石：古代设于朝廷门外的红色石头。民有不平，击石鸣冤。石形如肺，故名。 风清：指社会风气良好。

[3] "图圄"二句：图圄，监狱。这两句的意思是，虽在监狱里，如能使人改过，便是造福的殿堂；社会风气纯正，就是在地上画个圈儿，站在里边也可以变成牢狱。

[4] 搆（gòu）讼：此指无中生有的诬告。

[5] 鼠牙雀角：语出《诗·召南·行露》。指强暴欺凌引起争讼。

[6] 抢（qiāng）地呼天：以头撞地，悲呼苍天。形容极其伤痛。

[7] 狴犴（bì àn）：传说中的一种野兽。

[8] 棘木：树冠长有刺的树木。

[9] 听讼在棘木之下：语出《礼记·王制》。这句话是指在外刺而里直的棘树下审案，象征断案虽表面严厉，实则是为了伸张正义。

[10] 岸：通"犴"。古代乡亭的拘留所。

[11] 羑（yǒu）里：殷代监狱名。商纣王曾在这里囚禁周文王。

[12] 桎梏：刑具。脚镣和手铐。

[13] 缧绁（léi xiè）：捆绑犯人的绳索。引申为牢狱。

[14] 池鱼受害：又作"池鱼之殃"。典出《太平广记》引《风俗通》。池鱼，指池中的鱼。后以"池鱼受害"比喻因受牵连无端遭到灾祸。

[15] 请公入瓮：亦作"请君入瓮""请兄入瓮"。据《太平广记》引《朝野佥载·周兴》载，唐武则天时，秋官侍郎周兴发明了一种刑罚，把犯人扣在大瓮下，四面堆起火来烧。后来周兴犯了罪，酷吏来俊臣对他说："请兄入此瓮"。后以此喻以其人之道还治其人之身。

[16] 下车泣罪：据汉代刘向《说苑·君道》载，大禹出巡，看到在流徙途中的罪犯，下车问明情况而哭泣不止，左右侍从问其缘由，大禹说："因我道德菲薄，没能教化好人民，所以痛心。"

[17] 挂告：担空头名义的被告。

[18] 城旦：古代刑罚名。一种筑城四年的劳役。

[19] 问军：充军。古代的一种刑罚。

[20] 三尺：古代以三尺书简书写法律，故称法律为"三尺法"，简称"三尺"。

[21] 三木：古代加在犯人颈、手、足上的三种刑具。

[22] 墨：古代五刑之一。用墨在犯人额头上刺字。 劓（yì）：古代五刑之一。割鼻。 刖（tèi）：古代五刑之一。砍掉脚。 宫：古代五刑之一。阉割男子生殖器或破坏女子生殖机能的刑罚。 大辟：古代五刑之一。死刑。

[23] 律例：律，指法律的正文；例，补充律文不足而设的条款或例案。律例，法律条文及其成例。

[24] 笞：古代五刑之一。用荆条或竹板敲打臀、腿和背。

[25] 削木为吏：木头削刻成的法官。语出司马迁《报任安书》："削木为吏，议不可对。"意为古时民风淳厚，即使木削的法官，人们也不肯相对。

[26] 纵囚归狱：史载，唐太宗看到那些即将执行死刑的犯人，很是怜悯同情，让他们都回到家里去探望。令其次年秋来就刑。众囚犯如期而至。

[27] 何易：即何易于。唐朝人。他做益昌县令时，体恤民情，讼案少见，百姓歌其清简曰："花落讼庭闲，草生囹圄静。"

[28] 卢奂：唐朝人。他任南海郡太守时，断案严正，贪官污吏敛迹。百姓歌其清正曰："抱案吏从冰上立，诉冤人在镜中行。" 折狱：判决诉讼案件。

[29] 粱肉：指美食佳肴。

释道鬼神

　　如来释迦[1]，即是牟尼，原系成佛之祖；老聃李耳[2]，即是道君，乃为道教之宗。鹫岭、祗园[3]，皆属佛国；交梨、火枣[4]，尽是仙丹。沙门称释[5]，始于晋道安[6]；中国有佛，始于汉明帝。篯铿即是彭祖[7]，八百高年；许逊原宰旌阳[8]，一家超举。波罗犹云彼岸[9]，紫府即是仙宫[10]。曰上方[11]，曰梵刹[12]，总是佛场；曰真宇[13]，曰蕊珠[14]，皆称仙境。伊蒲馔可以斋僧[15]，青精饭亦堪供佛[16]。香积厨僧家所备[17]，仙麟脯仙子所餐[18]。佛图澄显神通[19]，咒莲生钵；葛仙翁作戏术[20]，吐饭成蜂。达摩一苇渡江[21]，栾巴噀酒灭火[22]。吴猛画江成路[23]，麻姑掷米成珠[24]。飞锡挂锡[25]，谓僧人之行止；导引胎息[26]，谓道士之修持。和尚拜礼曰和南[27]，道士拜礼曰稽首。曰圆寂[28]，曰荼毗[29]，皆言和尚之死；曰羽化[30]，曰尸解[31]，悉言道士之亡。女道曰巫，男道曰觋，自古攸分；男僧曰僧，女僧曰尼，从来有别。羽客黄冠[32]，皆称道士；上人比丘[33]，并美僧人。檀越檀那[34]，僧家称施主；烧丹炼汞[35]，道士学神仙。和尚自谦，谓之空桑子[36]；道士诵经，谓之步虚声[37]。菩者普也，萨者济也，尊称神祇[38]，故有菩萨之誉；水行龙力大，陆行象力大，负荷佛法，故有龙象之称[39]。儒家谓之世[40]，释家谓之劫[41]，道家谓之尘[42]，俱谓俗缘之未脱[43]；儒家曰精一[44]，释家曰三昧[45]，道家曰贞一[46]，总言奥义之无穷。达摩死后，手携只履西归；王乔朝君[47]，舄化双凫下降[48]。辟谷绝粒[49]，神仙能服气炼形[50]；不灭不生[51]，释氏惟明心见性[52]。梁高僧谈经入妙，可使岩石点头[53]，天花坠地[54]；张虚靖炼丹既成[55]，能令龙虎并伏，鸡犬俱升。藏世界于一粟，佛力何其大；贮乾坤于一壶，道法何其玄。妄诞之言，载鬼一车[56]；高明之家，鬼瞰其室[57]。《无鬼论》，作于晋之阮瞻[58]；《搜神记》[59]，撰于晋之干宝[60]。颜子渊[61]，卜子夏[62]，死为地下修文郎[63]；韩擒虎[64]，寇莱公[65]，死作阴司阎罗王[66]。至若土谷之神曰社稷[67]，干旱之鬼曰旱魃[68]。魑魅魍魉[69]，山川之祟[70]；神荼郁垒[71]，啖鬼之神。仕途偃蹇[72]，鬼神亦为之揶揄[73]；心地光明，吉神自为之呵护。

注释

[1] 　如来：佛的别名。又为释迦牟尼的十种法号之一。

　　释迦：释迦牟尼的简称。佛教始祖。佛号牟尼。佛教徒尊称为"释迦牟尼"。

[2] 老聃李耳：即老子，姓李，名耳，号老聃。春秋时期的思想家。

[3] 鹫岭：即鹫山。在古印度摩揭陀国。山中多鹫，或言山顶似鹫，故名。为佛说法之地。　祇（qí）园：祇树给孤独园的简称。印度佛教圣地之一。相传释迦牟尼成道后，曾在此说法。

[4] 交梨、火枣：传说中的两种仙果。

[5] 沙门：佛教盛行后专指佛教僧侣。　释：释迦牟尼的简称。亦泛指佛教或僧人。

[6] 道安：即魏道安。东晋高僧。后改姓释。

[7] 籛铿：即彭祖。姓籛，名铿。颛顼玄孙。生于夏代，相传活了七百六十岁（一说八百岁）。尧时封于彭城，故又称彭祖。

[8] 许逊（239—374）：晋朝人。曾为旌阳令。传说学道成仙后，全家四十二口拔宅飞升。

[9] 波罗：梵语"波罗蜜"的省称。到达彼岸之意。

[10] 紫府：道教称仙人居所。

[11] 上方：住持僧居住的内室。亦借指佛寺。

[12] 梵刹（chà）：泛指佛寺。

[13] 真宇：指道观。道教的庙。

[14] 蕊珠：即蕊珠宫。道教经典中所说的仙宫。

[15] 伊蒲馔：用伊兰、葛蒲做的饭菜，是僧人吃的斋素。

[16] 青精饭：即立夏吃的乌米饭。用南天烛（即青精）叶汁浸米煮制。相传首为道家太极真人所制，服之延年。后佛教徒亦多于阴历四月初八日造此饭以供神。

[17] 香积厨：亦简称"香积"。僧家的厨房。

[18] 仙麟脯：仙家用麒麟肉做的肉脯。

[19] 佛图澄（232—348）：天竺活佛帛澄。西晋时到中国传教。相传为了显示他的神通，对着钵盂，口念咒语，钵中生出莲花。

[20] 葛仙翁：即三国时吴国道士葛玄（164—244），葛洪的从祖父。曾从左慈学道，于閤皂山修道，道教尊为葛仙翁。相传一次表演仙术，口吐米饭，变成几百只蜜蜂。

[21] 达摩：即菩提达摩。印度高僧，中国佛教禅宗的创始人。梁武帝迎来中国。相传由金陵过长江，无船，折了一根芦苇乘着渡过长江。

[22] 栾巴：后汉人。官至议郎。有道术。相传一次汉桓帝赐他吃酒，他口含美酒向西南方喷去，说那里着了火，用以灭火。 噀（xùn）：含在口中而喷出。

[23] 吴猛：晋朝人。相传他从仙人丁义处得到神法。一次过长江，江水大涨，江中无船，他用扇子划开江水，现出一条大路。

[24] 麻姑：中国古代神话中的女仙。东汉桓帝时，降于蔡经家，年十八九，能掷米成珠。

[25] 飞锡：僧人外出云游持锡杖，所以称僧人外出云游为飞锡。 挂锡：僧人持锡杖远游，进入居所，必将锡杖挂在壁上，所以挂锡指僧人止宿。

[26] 导引：古代一种养生术。实为呼吸和躯体运动相结合的体育疗法。 胎息：道家的一种修炼方法。不用口鼻呼吸，如坐胎胞之中。

[27] 和南：佛教语。佛门称稽首、敬礼为和南。

[28] 圆寂：佛教语。佛教修行以诸德圆满、诸恶寂灭为最

终目的,故后称僧尼死后为圆寂。

[29] 荼毗(tú pí):同"荼毗"。佛教语。指僧人死后将尸体火化。

[30] 羽化:指飞升成仙。后亦用作道教徒死亡的婉辞。

[31] 尸解:指道教徒遗其形骸而仙去。

[32] 羽客:羽化升仙的人。指神仙或方士。 黄冠:道士之冠。亦借指道士。

[33] 上人:德智善行都在人之上。多用作对和尚的尊称。比丘:佛教语。指接受了佛家全部戒条的男性,俗称和尚。

[34] 檀越、檀那:佛教对布施者的尊称。

[35] 烧丹:炼丹。 炼汞:指道家烧炼金石药物,以制成丹药。

[36] 空桑子:相传古代一女子到野外采药,在空桑树中拾到一个弃儿,送给和尚抚养。空桑子,便用来指没有父母抚养的孩子。后称僧人。

[37] 步虚:道士唱经礼赞。

[38] 神祇(qí):天神与地神。此指佛教尊奉的神佛。

[39] 龙象:龙与象。佛氏用以比喻诸罗汉中修行勇猛有最大能力者。

[40] 世:古代三十年为一世。

[41] 劫:佛教名词。"劫波"的略称。意为极久远的时节。古印度传说世界经历若干万年毁灭一次,然后再重新开始,这一周期叫一"劫"。"劫"的时间长短,佛经各有不同的说法。

[42] 尘:尘世。道家称一世为一尘。

[43] 俗缘:佛教以因缘解释人事,因称尘世之事为俗缘。

[44] 精一：指道德修养的精粹纯一。

[45] 三昧：佛教修行的主要方法。即摒除杂念，心不散乱，专注一境。

[46] 贞一：道家修行要求守正专一。

[47] 王乔：神话人物。传为东汉河东（今山西省夏县北）人，曾为叶县令。有神术。常自县至京师，而不见车骑，临至，必有双凫飞来，人举网得之，则为王乔所穿的鞋子。

[48] 舄（xì）：鞋的统称。 凫（fú）：野鸭。

[49] 辟（pì）谷、绝粒：道家以摒除火食、不进五谷求得延年益寿的修养术。

[50] 服气：指修道者用呼吸吸取自然界中之精气。

炼形：修炼形体。道家的修炼方法。

[51] 不灭不生：佛家所说的超脱生死的一种境界。

[52] 明心见性：佛教语。摒弃世俗一切杂念，彻悟因杂念而迷失了的本性（即佛性）。

[53] 岩石点头：据传，南朝梁高僧丁生在虎丘寺讲经，聚石为徒，讲到精妙处，石头都点头称是。

[54] 天花坠地：佛教传说，佛祖讲经，感动天神，诸天各色香花纷纷下坠。

[55] 张虚靖：汉朝道教天师张道陵七世孙。学长生之术，遍游名山。相传，他炼成仙丹，能降龙伏虎。鸡狗吃了仙丹，也飞升上天。

[56] 载鬼一车：语出《易经·睽》。意为混淆是非，无中生有。

[57] "高明之家"二句：语出扬雄《解嘲》。意为人显达富贵到极点，连鬼神都会窥视他的家室。

[58] 阮瞻：字千里，晋尉氏人。官太子舍人。性清虚寡欲，素执无鬼论。

[59] 《搜神记》：魏晋志怪小说的代表作。东晋干宝著。共二十卷。书中多写神仙鬼怪故事。

[60] 干宝：东晋史学家、文学家。字令升，新蔡（今属河南省）人。元帝时以佐著作郎领修国史，著《晋纪》，时称良史；又编集神怪灵异故事为《搜神记》。

[61] 颜子渊：孔子弟子颜渊。

[62] 卜子夏：孔子弟子卜商。

[63] 修文郎：传说为阴曹掌管著作的官。

[64] 韩擒虎（538—592）：隋大将。原名豹，字子通，河南东垣（今河南省新安东）人。有胆略。文帝时任庐州总管，灭陈有功，进位上柱国。

[65] 寇莱公：即寇准。

[66] 阎罗王：佛书称主管地狱的神。

[67] 社：土神。 稷：谷神。

[68] 旱魃（bá）：传说中引起干旱的怪物。

[69] 魑魅（chī mèi）、魍魉（wǎng liǎng）：均为古代传说中的山川精怪。

[70] 祟（suì）：鬼怪。

[71] 神荼（shū）、郁垒（lǜ）：古代传说中能制服恶鬼的两位神人。

[72] 偃蹇（jiǎn）：困顿，不得志。

[73] 揶揄：嘲笑，戏弄。

鸟　兽

　　麟为毛虫之长，虎乃兽中之王。麟凤龟龙，谓之四灵；犬豕与鸡，谓之三物。骒骍骅骝[1]，良马之号；太牢大武[2]，乃牛之称。羊曰柔毛，又曰长髯主簿；豕名刚鬣[3]，又曰乌喙将军[4]。鹅名舒雁[5]，鸭号家凫。鸡有五德[6]，故称之曰德禽；雁性随阳[7]，因名之曰阳鸟。家狸乌圆[8]，乃猫之誉；韩卢楚犷[9]，皆犬之名。麒麟驺虞[10]，皆好仁之兽；螟螣蟊贼[11]，皆害苗之虫。无肠公子，螃蟹之名；绿衣使者，鹦鹉之号。狐假虎威，谓借势而为恶；养虎贻患，谓留祸之在身。犹豫多疑，喻人之不决；狼狈相倚[12]，比人之颠连[13]。胜负未分，不知鹿死谁手；基业易主，正如燕入他家。雁到南方，先至为主，后至为宾；雉名陈宝，得雄则王，得雌则霸。刻鹄类鹜[14]，为学初成；画虎类犬，弄巧成拙。美恶不称，谓之狗尾续貂；贪图不足，谓之蛇欲吞象。祸去祸又至，曰前门拒虎，后门进狼；除凶不畏凶，曰不入虎穴，焉得虎子。鄙众趋利，曰群蚁附膻[15]；谦己爱儿[16]，曰老牛舐犊。无中生有，曰画蛇添足；进退两难，曰羝羊触藩[17]。杯中蛇影[18]，自起猜疑；塞翁失马[19]，难分祸福。龙驹凤雏[20]，晋闵鸿夸吴中陆士龙之异[21]；伏龙凤雏，司马徽称孔明庞士元之奇[22]。吕后断戚夫人手足，号曰人彘[23]；胡人腌契丹王尸骸，谓之帝羓[24]。人之狠恶，同于梼杌[25]；人之凶暴，类似穷奇[26]。王猛见桓温，扪虱而谈当世之务[27]；宁戚遇齐桓，扣角而取卿相之荣[28]。楚王轼怒蛙[29]，以昆虫之敢死；丙吉问牛喘[30]，恐阴阳之失时。以十人而制千虎，比言事之难胜；驰韩卢而搏蹇兔[31]，喻言敌之易摧。兄弟如鹡鸰之相亲，夫妇如鸾凤之配偶。有势莫能为，曰虽鞭之长，不及马腹；制小不用大，曰割鸡之小，焉用牛刀。鸟食母者曰枭[32]，兽食父者曰獍[33]。苛政猛于虎，壮士气如虹。腰缠十万贯，骑鹤上扬州，谓仙人而兼富贵[34]；盲人骑瞎马，夜半临深池，是险语之逼人闻[35]。黔驴之技，技止此耳；鼫鼠之技[36]，技亦穷乎。强兼并者曰鲸吞，为小贼者曰狗盗。养恶人如养虎，当饱其肉，不饱则噬[37]；养恶人如养鹰，饥之则附[38]，饱之则飏。隋珠弹雀[39]，谓得少而失多；投鼠忌器，恐因甲而害乙。事多曰猬集[40]，利小曰蝇头[41]。心惑似狐疑，人喜如雀跃。

注释

[1] 骅骝、骐骥：良马名。均为周穆王八骏之一。

[2] 太牢：古代祭祀，牛羊豕三牲具备谓之太牢。
大武：称牛。在祭祀供品中，牛曰一元大武，故称牛为大武。

[3] 刚鬣（liè）：古代祭祀所用猪的专称。

[4] 乌喙（huì）：形容嘴尖。

[5] 舒雁：鹅的别称。

[6] 五德：古谓鸡有五德，即头上有冠，是文德；足上有距，是武德；好斗，是勇德；见食必呼同伴，是仁德；守夜报时不误，是信德。

[7] 随阳：跟着太阳运行。指候鸟依季节而定行止。

[8] 家狸：野猫。 乌圆：猫有黑圆的眼睛，故以"乌圆"别称猫。

[9] 韩卢：亦作"韩獹"。獹，古代良犬名。韩卢，战国时韩国良犬，色黑。后因以"韩卢"泛指良犬。
楚犷（guǎng）：犷，凶猛。楚犷，楚国的良犬。

[10] 驺（zōu）虞：传说中的义兽，白地黑纹，尾长于身，

食自死之肉，不食生物。

[11] 螟：蛀食苗心的害虫。 螣（tè）：食苗叶的害虫。蟊：吃苗根的害虫。 贼：专食苗节的害虫。

[12] 狼狈相倚：传说狈似狼而前腿短，不能自己走路，必须搭在狼的身上，才可行动。后以"狼狈相依"比喻处境困顿，必须依赖他人。

[13] 颠连：困顿不堪。

[14] 鹄（hú）：天鹅。 鹜（wù）：鸭子。

[15] 膻（shān）：像羊肉的气味。

[16] 谦己：克己。

[17] 羝（dī）羊触藩：公羊用角顶撞篱笆，角被勾住。比喻进退两难。

[18] 杯中蛇影：亦作"杯弓蛇影"。据《风俗通》载，杜宣夏至日赴饮，见杯中似有蛇，然不好不饮。酒后胸腹痛切，多方医治不愈。后得知壁上赤弩照于杯中，影为蛇，病即愈。后因以"杯弓蛇影"比喻疑神疑鬼，自相惊扰。

[19] 塞翁失马：据《淮南子》载，塞上有人跑失一匹马。不久他的马又跑了回来，还带来一群骏马，转祸为福。后因以"塞翁失马"比喻祸福相依，坏事变成好事。

[20] 龙驹、凤雏：与下句中的"伏龙"，均比喻才能超群的人。

[21] 闵鸿：晋朝广陵人。才德超卓，有说曾官尚书。 吴中：此指西晋陆云家乡吴县（秦置县），在今江苏省南部。 陆士龙：即陆云，字士龙，吴郡吴县华亭（今上海市松江）人。西晋文学家，与其兄陆机（字

士衡）均有才名，时称"二陆"。

[22] 司马徽（？—208）：字德操，东汉末颍川阳翟（今河南省禹县）人。善于知人。长期居荆州，曾为刘备推荐诸葛亮和庞统。　孔明：即诸葛亮。　庞士元：即庞统（179—214），字士元，襄阳（今湖北省襄樊）人。三国时刘备的谋士。初与诸葛亮齐名，号称凤雏。与诸葛亮同为军师中郎将。建安十九年（公元214年）攻雒城，中流矢身死。

[23] "吕后"二句：据《史记·吕太后本记》载，汉高祖皇后吕雉，嫉恨高祖爱妃戚夫人。高祖死后，吕雉砍去戚夫人手足，割掉耳朵，挖去眼睛，投在厕所里，称为"人彘"。　彘（zhì）：猪。

[24] "胡人"二句：辽太宗耶律德光南侵中原，归途中死去。手下人怕其尸体腐烂，便在肚子里放上盐运回。人称耶律德光的腌尸为"帝羓"。　帝羓：指辽太宗耶律德光的干尸。

[25] 梼杌（táo wù）：传说中的凶兽，状如虎而犬毛。

[26] 穷奇：传说中一种形状如牛的猛兽。

[27] 扪虱而谈：晋时隐士王猛，在大将军桓温入关时，他去拜见，一面用手按身上的虱子，一面侃侃而谈天下大事。说明他放达从容。

[28] 扣角：相传春秋时卫国人宁戚，因家贫给人赶车。到了齐国，恰遇齐桓公，他一面在车下喂牛，一面敲着牛角唱歌。齐桓公听了，认为他有才能，任为上卿。

[29] 楚王轼怒蛙：轼，扶着车栏杆。相传，楚王伐吴，在车上向发怒的青蛙致敬，以激励将士像怒蛙一样不怕死。

[30] 丙吉问牛喘：相传，汉朝宰相丙吉，一次外出，见打死人不闻不问，而见牛喘气出舌则过问。他认为，打死人自有主管的官吏过问，而宰相应该为阴阳失调的大事担忧。

[31] 蹇（jiǎn）兔：跛足之兔。

[32] 枭（xiāo）：猛禽。传说该鸟食母。

[33] 獍（jìng）：恶兽。传说该兽食父。

[34] "腰缠"三句：据南朝梁《小说》载，有几个人在一起各谈所志，一个愿做扬州刺史，一个愿钱多，一个愿骑鹤成仙，最后一个愿腰缠十万贯，骑鹤上扬州，欲三者兼得。后以此比喻人贪心妄想。

[35] 聋语：聋人听闻的话。

[36] 鼯（wú）鼠：俗称大飞鼠，别名夷由。外形像松鼠，生活在高山树林中，尾长，前后肢之间有宽大的薄膜，能借此在树间滑翔。古人误以为鸟类。据说它有五种技能，即能飞不能上屋，能爬树爬不到树顶，能游泳不能过沟渠，能打洞不能掩身，能跑跑不快。所以五技都不专不精。

[37] 噬（shì）：咬，吃。

[38] 附：依附。

[39] 隋珠弹雀：隋珠，即隋侯珠，传说古代隋国诸侯得来的稀世珍宝。隋珠弹雀，即用隋珠打鸟雀。比喻处理事情轻重失当，得不偿失。

[40] 猬集：如刺猬毛丛集在一起。比喻众多。

[41] 蝇头：像苍蝇头一样小。比喻利微。

爱屋及乌，谓因此而惜彼；轻鸡爱鹜[1]，谓舍此而图他。唆恶为非,曰教猱升木[2];受恩不报,曰得鱼忘筌[3]。倚势害人,真是城狐社鼠[4];空存无用,何殊陶犬瓦鸡[5]。势弱难敌,谓之螳臂当辕;人生易死,乃曰蜉蝣在世[6]。小难制大,如越鸡难伏鹄卵[7];贱反轻贵,似鸢鸠反笑大鹏[8]。小人不知君子之心,曰燕雀焉知鸿鹄志;君子不受小人之侮,曰虎豹岂受犬羊欺。跖犬吠尧[9],吠非其主;鸠居鹊巢,安享其成。缘木求鱼,极言难得;按图索骥,甚言失真。恶人借势,曰如虎负嵎[10];穷人无归,曰如鱼失水。九尾狐[11],讥陈彭年素性谄而又奸[12];独眼龙,夸李克用一目眇而有勇[13]。指鹿为马[14],秦赵高之欺主;叱石成羊[15],黄初平之得仙。卞庄勇能擒两虎[16],高骈一矢贯双雕[17]。司马懿畏蜀如虎[18],诸葛亮辅汉如龙。鹪鹩巢林[19],不过一枝;鼹鼠饮河[20],不过满腹。人弃甚易,曰孤雏腐鼠;文名共抑,曰起凤腾蛟。为公乎,为私乎,惠帝问虾蟆[21];欲左左,欲右右,汤德及禽兽[22]。鱼游于釜中,虽生不久;燕巢于幕上,栖身不安。妄自称奇,谓之辽东豕[23];其见甚小,譬如井底蛙。父恶子贤,谓是犁牛之子[24];父谦子拙,谓是豚犬之儿[25]。出人群而独异,如鹤立鸡群;非配偶以相从,如雉求牡匹[26]。天上石麟,夸小儿之迈众[27];人中骐骥[28],比君子之超凡。怡堂燕雀[29],不知后灾;瓮里醯鸡[30],安有广见?马牛襟裾[31],骂人不识礼仪;沐猴而冠[32],笑人见不恢宏[33]。羊质虎皮[34],讥其有文无实;守株待兔,言其守拙无能。恶人如虎生翼,势必择人而食;志士如鹰在笼,自是凌霄有志。鲋鱼困涸辙[35],难待西江水,比人之甚窘;蛟龙得云雨,终非池中物,比人大有为。执牛耳[36],谓人主盟;附骥尾[37],望人引带。鸿雁哀鸣,比小民之失所;狡兔三窟[38],诮贪人之巧营。风马牛势不相及,常山蛇首尾相应[39]。百足之虫,死而不僵[40],以其扶之者众;千岁之龟,死而留甲,因其卜之则灵。大丈夫宁为鸡口,毋为牛后[41];

士君子岂甘雌伏[42]，定要雄飞[43]。毋侷促如辕下驹，毋委靡如牛马走。猩猩能言，不离走兽；鹦鹉能言，不离飞鸟。人惟有礼，庶可免相鼠之刺[44]；若徒能言，夫何异禽兽之心？

注释

[1] 轻鸡爱鹜（wù）：轻家鸡，爱野鹜（野鸭子）。这是晋朝书法家庾翼不服人们学王羲之书法时说的话。

[2] 猱（náo）：古书上说的一种猴子。

[3] 筌（quán）：捕鱼的器具。

[4] 城狐社鼠：城墙洞里的狐狸，社坛里的老鼠。此二物都无法除治。比喻有所凭依而为非作歹的人。

[5] 陶犬瓦鸡：陶烧的小狗，不能守夜；瓦做的小鸡，不能报晓。比喻无用之物。

[6] 蜉蝣：一种生命极短的、生有四翅的小昆虫。

[7] 越鸡：越地产的一种形体很小的鸡。

[8] 鸴（xué）鸠：斑鸠。又名鸣鸠。

[9] 跖（zhí）犬吠尧：跖，指盗跖，相传为古时民众起义的领袖；尧，指唐尧。跖犬吠尧，盗跖的狗吠咬唐尧。比喻人臣各为其主。

[10] 负嵎（yú）：凭借险要地势顽抗。

[11] 九尾狐：九个尾巴的狐狸。古代传说中的奇兽。常用比喻奸诈善媚惑的人。

[12] 陈彭年（961—1017）：字永年，宋代南城（今属江西省）人。官至兵部侍郎。曾与丘雍奉诏修订《切韵》。

[13] 李克用（856—908）：唐沙陀部人。一目失明，但作战骁勇。其子存勗建立后唐，他被尊为太祖。

[14] 指鹿为马：据《史记》载，秦二世时，赵高专权，他献一只鹿给二世，说是马。二世认为他说错了，纠正说是指鹿为马了。赵高问在场的大臣，大臣惧怕他的权势，都说是马。后以"指鹿为马"比喻有意颠倒黑白，混淆是非。

[15] 叱石成羊：据传说，晋朝时皇初平到山里放羊，一道士引至金华山修道，四十年未归。后来他的哥哥寻访群山，找到他，问羊在哪里，他叱喝一声，山上的白石变成了数万只羊。

[16] 卞庄：即卞庄子。春秋时鲁国卞邑大夫。以勇力驰名。战争中奔敌杀七十人（一作十人）而死。传说他曾刺杀双虎。

[17] 高骈（？—887）：字千里，唐末幽州（今属北京市）人。世代为禁军将领。曾任淮南节度使、江淮盐铁转运使等职。相传一次见双雕并飞，他以此测定是否日后富贵，结果一箭射中二雕。

[18] 司马懿（179—251）：字仲达，三国河内温县（今河南省温县西）人。多谋略，善权变。初为曹操主簿，明帝时任大将军，曹芳即位，他与曹爽辅政。后杀曹爽，专国政。死后，其孙司马炎代魏称帝，建立晋朝。

[19] 鹪鹩（jiāo liáo）：一种体形特小专吃昆虫的鸟。

[20] 鼹（yǎo）鼠：一种白天穴居夜间出来捕食的野鼠。

[21] 惠帝：西晋皇帝司马衷。以痴呆著称。

[22] 汤德及禽兽：即《器用》一节所述商汤下令围猎者网开三面，不要一网把禽兽捕尽的故事。后以此泛言刑政宽大。

[23] 辽东豕：据《后汉书·朱浮传》载，古时辽东的猪都是黑的。一次偶见一口白猪，人们以为奇，赶着去献给皇帝，走到半路，见白猪很多，便回去了。后以"辽东豕"指知识浅薄，少见多怪。

[24] 犁牛之子：语出《论语·雍也》。比喻父虽不善却无损于其子的贤明。后人便把胜过父亲的儿子称为"犁牛之子"。

[25] 豚（tún）：小猪。亦泛指猪。

[26] 雉（zhì）求牡匹：飞禽类公母称雄雌，走兽类称牡牝。雉，山鸡；匹，配偶。雉求牡匹，等于说雌山鸡和公兽相匹配，是非类相从。

[27] 迈众：超迈众人。

[28] 骐骥：千里马。

[29] 怡：快乐，欢乐。

[30] 醯（xī）鸡：即"蠛蠓"。古人以为是由醋上的白霉变成的。

[31] 马牛襟裾（jū）：穿衣服的马和牛。讥人不明道理、不识礼仪。

[32] 沐猴而冠：沐猴，猕猴。沐猴而冠，猕猴戴上帽子。比喻外表虽装得很像样，但本质却掩盖不了。

[33] 见：指见识。 恢宏：广大。

[34] 羊质虎皮：羊的本质，虎的皮毛。比喻外强内弱，虚有其表。

[35] 鲋（fù）鱼：即"鲫鱼"。

[36] 执牛耳：指主持盟会的人。古时诸侯会盟，割牛耳取血起誓。牛耳放在盘子里，主盟者执盘，传与盟会者以血涂口（歃血），以示诚信不渝。

[37] 附骥尾：蚊蝇附在马的尾巴上，可以远行千里。比喻依附名人之后而成名。

[38] 狡兔三窟：喻藏身处多，便于避祸。现多用作贬义。

[39] 常山蛇：古代传说中一种能首尾互相救应的蛇。后因以喻首尾相顾的阵势。

[40] 百足之虫，死而不僵：语出《文选·六代论》。比喻势力雄厚的集体或个人一时不易垮台。

[41] 宁为鸡口，毋为牛后：鸡嘴虽小，却能进食；牛臀虽大，只出粪便。指能居小者之首，不为大者之后。

[42] 雌伏：比喻屈居下位，无所作为。

[43] 雄飞：比喻奋发有为。

[44] 相（xiàng）鼠：《诗·鄘风》中的篇名。古人常以之刺无礼。

花　木

植物非一，故有万卉之名；谷种甚多，故有百谷之号。如茨如梁[1]，谓禾稼之蕃[2]；惟夭惟乔[3]，谓草木之茂。莲乃花中君子，海棠花内神仙。国色天香，乃牡丹之富贵；冰肌玉骨，乃梅萼之清奇。兰为王者之香，菊同隐逸之士。竹称君子，松号大夫[4]。萱草可忘忧，屈轶能指佞[5]。筼筜，竹之别号；木樨，桂之别名。明日黄花[6]，过时之物；岁寒松柏，有节之称。樗栎乃无用之散材[7]，梗楠胜大用之良木[8]。玉版[9]，笋之异号；蹲鸱[10]，芋之别名。瓜田李下，事避嫌疑；秋菊春桃，时来尚早。南枝先，北枝后，庾岭之梅；朔而生[11]，望而落[12]，尧阶蓂荚[13]。苾苕背阴向阳[14]，比僧人之有德；木槿朝开暮落[15]，比荣华之不长。芒刺在背,言恐惧不安;薰莸异气[16],犹贤否有别。桃李不言,下自成蹊;道旁苦李,为人所弃。老人娶少妇,曰枯杨生稊[17];国家进多贤,曰拔茅连茹[18]。蒲柳之姿,未秋先槁[19];姜桂之性,愈老愈辛。王者之兵,势如破竹;七雄之国,地若瓜分。苻坚望阵,疑草木皆是晋兵;索靖知亡[20],叹铜驼会在荆棘。王祜知子必贵[21],手植三槐;窦钧五子齐荣,人称五桂。钼麑触槐[22],不忍贼民之主;越王尝蓼[23],必欲复吴之仇。修母画荻以教子[24],谁不称贤;廉颇负荆以请罪,善能悔过。弥子瑕常恃宠[25],将余桃以啖君;秦商鞅欲行令,使徙木以立信[26]。王戎卖李钻核[27],不胜鄙吝;成王剪桐封弟[28],因无戏言。齐景公以二桃杀三士[29],杨再思谓莲花似六郎[30]。倒啖蔗[31],渐入佳境;蒸哀梨[32],大失本真。煮豆燃萁,比兄残弟;砍竹遮笋,弃旧怜新。元素致江陵之柑[33],吴刚伐月中之桂[34]。捐资济贫,当效尧夫之助麦[35];以物申敬[36],聊效野人之献芹。冒雨剪韭,郭林宗款友情殷[37];踏雪寻梅[38],孟浩然自娱兴雅[39]。商太戊能修德[40],祥桑自死[41];寇莱公有深仁,枯竹复生[42]。王母蟠桃,三千年开花,三千年结子,故人借以祝寿诞;上古大椿[43],八千岁为春,八千岁为秋,故人托以比严君[44]。去稂莠正以植嘉禾[45],沃枝叶不如培根本。世路之蓁芜当剔[46],人心之茅塞须开。

注释

[1]　如茨如梁:语出《诗·甫田》。言多如屋顶的茅草,高如车上的横梁。

[2]　蕃:茂盛。

[3]　惟夭惟乔:语出《书·禹贡》。惟,语气词;夭,茂盛;乔,高大。惟夭惟乔,又茂盛又高大。

[4] 松号大夫：秦始皇登泰山，暴雨忽至，五棵松树庇护他躲过风雨，秦始皇封五棵松树为"五大夫"。

[5] 屈轶：亦称"屈佚草""屈草"。古代传说中的一种草，摆在殿堂上，奸人进入，它便指出来。所以又叫"指佞草"。

[6] 明日黄花：明日，指重阳节后；黄花，菊花。古人多于重阳节赏菊，所以节后的黄花便无人观看了。后因以比喻过时的事物。

[7] 樗栎（chū lì）：即臭椿和麻栎。古人认为是两种不成材之木。后因以"樗栎"喻才能低下。

[8] 楩（pián）楠：即黄楩与楠木。两种栋梁之材。

[9] 玉版：笋的别称。

[10] 蹲鸱（chī）：芋头。因形状如蹲伏的鸱（猫头鹰），故称。

[11] 朔：阴历每月初一。

[12] 望：阴历每月十五。

[13] 蓂（míng）荚：又名"历荚"。古代传说中的一种瑞草。此草每月初一生一荚，至十五日，积至十五荚。十六日起，每日落一荚，月末而尽。遇小月，则一荚焦而不落。所以从荚数多少可以知道是何日。

[14] 苾刍：即"比丘"。香草名。据说此草有五义，即生不背日，冬夏常青，体形柔软，香气远腾，引蔓旁布。梵语比喻出家的佛弟子。

[15] 木槿：落叶灌木或小乔木。夏秋开花，朝开暮落。树皮和花可入药。

[16] 薰：香草。 莸（yóu）：臭草。

[17] 枯杨生稊（tí）：稊，幼芽。枯杨生稊，枯老的杨树

233

复生嫩芽。用以比喻老夫娶少妻。

[18] 拔茅连茹：茹，茅根互相牵引。拔茅连茹，拔茅草时连带拔起了互相牵连的茅根。比喻递相推荐引进。

[19] 槁（gǎo）：枯槁，干枯。

[20] 索靖（239—303）：西晋书法家。字幼安，敦煌（今属甘肃省）人。官至征南司马。惠帝即位时，曾赐爵关内侯。他知晋将乱，指着洛阳宫门外铜驼感叹道："有一天将会看到你被埋在荆棘中。"

[21] 王祜：字景叔，宋朝人。宋初曾知潞州，稍后镇大名。曾亲手在庭中植三棵槐树，说："我的子孙必有显贵的。"后次子王旦居宰相。宋太宗赏识王祜文章，特拜为兵部侍郎。

[22] 鉏麑（xú ní）：春秋时晋国力士。晋灵公派他去暗杀宰相赵盾，他崇敬赵的德操，不忍下手，便触槐而死。

[23] 越王尝蓼（liǎo）：蓼，一种苦草。这是由春秋时越王勾践战败，为了灭吴复国，卧薪尝胆（一作"尝蓼"）的故事演变而来的。

[24] 修母：指北宋文学家欧阳修的母亲郑氏。 画荻：北宋欧阳修四岁而孤，因家贫，其母郑氏以荻管画地写字，教子读书。后以"画荻"为称颂母教之典。

[25] 弥子瑕：春秋时卫灵公的宠臣。传说一次与灵公游园，摘下树上的桃子咬了一口，味道甘甜，便递给灵公吃。灵公不仅不恼，反夸他忠诚。

[26] 徙木：战国时秦国商鞅变法，恐民不信，便在国都南门立三丈之木，募民能徙置北门者赏五十金。有一人搬走了，果然赏给五十金，以示不欺。于是颁布新

法，令行于民。

[27] 卖李钻（zuān）核：据《晋书·王戎传》载，晋朝人王戎家的李子树是良种，他怕人得去引种，每当卖李子时，都把核钻破，以此获讥于世。

[28] 剪桐封弟：据《吕氏春秋·重臣》载，西周成王与弟弟叔虞玩耍，他把桐削成圭（诸侯王的符信），封给弟弟，开玩笑说："我将凭此而分封你。"周公认为天子无戏言，劝成王赐封，结果封叔虞为唐侯。

[29] 齐景公（？—前490）：春秋时齐国国君。名杵臼。公元前547—前490年在位。统治期间剥削残酷，刑罚残忍。　二桃杀三士：据《晏子春秋》载，春秋时，齐景公手下有三个勇士——公孙接、田开疆、古冶子，三人皆力大而无礼。景公想除掉他们，便用晏子之计，送给三人两个桃子，论功而食。结果三人因争吃桃，进而争功，最后自杀而死。后因此比喻施用阴谋杀人。

[30] 莲花似六郎：唐朝春官侍郎张昌宗（字小六），容貌俊美，为武则天所宠幸。内史杨再思为了献媚，称张昌宗为"莲花六郎"。

[31] 倒啖蔗：据《世说新语·排调》载，晋朝大画家顾恺之，吃甘蔗总是从顶部往根部倒着吃。有人问缘由，他说："渐入佳境。"后以此喻境况逐渐好转。

[32] 哀梨：即哀家梨。相传汉朝秣陵哀仲家种梨，果实大而味美。蒸熟吃，就没有原味了。

[33] 元素：指董元素。宋朝人。有仙术。相传一次宋宣宗想吃江南橘，董元素施法术，弄来一盒江南橘。

[34] 吴刚：相传为月宫里的仙人。据《酉阳杂俎》载，吴

刚为汉朝西河人。学仙有过,罚到月宫砍桂树,砍出的创口随时合上,砍伐永无止境。

[35] 尧夫助麦:尧夫是宋朝范仲淹的儿子。相传他一次往东吴收租回家,在丹阳遇诗人石曼卿。石家正有丧事,无钱安葬,范就把一船麦子送给了他。

[36] 申敬:表示敬意。

[37] 郭林宗(128—169):即郭泰,字林宗,东汉太原介休(今属山西省)人。为太学生首领,不就官府征召,后归乡里,闭门授徒。相传他曾半夜冒雨到菜园中割韭菜、置汤饼款待好友范逵,一时传为佳话。

[38] 踏雪寻梅:唐代诗人孟浩然曾冒雪骑驴寻赏梅花,说:"我的诗思正在风雪中的驴背上。"后因以"踏雪寻梅"形容文人雅士赏爱风景苦心做诗的情致。

[39] 孟浩然(689—约740,一作691—约740):唐朝诗人。襄州襄阳(今属湖北省)人。官荆州从事。其诗清淡,长于写景。有《孟浩然集》。

[40] 太戊:商代国君。太庚之子。任用伊陟、巫咸治理国政。

[41] 祥桑:妖桑,不吉祥之桑。古有太戊行德政,祥桑自然枯死的传说。

[42] 寇莱公:即寇准。

[43] 大椿:古代寓言中的树名,以一万六千岁为一年。后因比喻指父亲,取其长寿之义。

[44] 严君:指父亲。

[45] 稂(láng)莠:泛指对禾苗有害的杂草。

[46] 蓁(zhēn)芜:杂乱丛生的草木。

朱子治家格言

[清] 朱柏庐[1]

黎明即起，洒扫庭除[2]，要内外整洁；既昏便息，关锁门户，必亲自检点。一粥一饭，当思来处不易；半丝半缕，恒念物力维艰。宜未雨而绸缪[3]，毋临渴而掘井。自奉必须俭约，宴客切勿留连。器具质而洁[4]，瓦缶胜金玉；饮食约而精，园蔬愈珍馐[5]。勿营华屋，勿谋良田。三姑六婆[6]，实淫盗之媒；婢美妾娇，非闺房之福。童仆勿用俊美，妻妾切忌艳妆。祖宗虽远，祭祀不可不诚；子孙虽愚，经书不可不读。居身务期质朴，教子要有义方。勿贪意外之财，勿饮过量之酒。与肩挑贸易[7]，毋占便宜；见贫苦亲邻，须加温恤[8]。刻薄成家[9]，理无久享；伦常乖舛[10]，立见消亡。兄弟叔侄，须分多润寡[11]，长幼内外，宜法肃辞严。听妇言，乖骨肉[12]，岂是丈夫？重资财，薄父母，不成人子。嫁女择佳婿，毋索重聘；娶媳求淑女，勿计厚奁[13]。见富贵而生谄容者最可耻，遇贫穷而作骄态者贱莫甚。居家戒争讼，讼则终凶；处世戒多言，言多必失。勿恃势力而凌逼孤寡，毋贪口腹而恣杀牲禽。乖僻自是，悔误必多；颓惰自甘，家道难成。狎昵恶少[14]，久必受其累；屈志老成[15]，急则可相依。轻听发言，安知非人之谮诉[16]，当忍耐三思；因事相争，安知非我之不是，须平心暗想。施惠勿念，受恩莫忘。凡事当留馀地，得意不宜再往[17]。人有喜庆，不可生妒忌心；人有祸患，不可生喜幸心。善欲人见[18]，不是真善；恶恐人知，便是大恶。见色而起淫心，报在妻女；匿怨而用暗箭[19]，祸延子孙。家门和顺，虽饔飧不继[20]，亦有馀欢。国课早完[21]，即囊橐无馀[22]，自得至乐。读书志在圣贤，为官心存君国。安分守命，顺时听天。为人若此，庶乎近焉[23]。

注释

[1] 朱柏庐（1617—1688）：即朱用纯，字致一，自号柏庐，江苏昆山人。明末生员。清初居乡教授学生。康熙时坚辞不应博学鸿儒科。所著《治家格言》，世称《朱子家训》，流传甚广。

[2] 庭除：庭，院子；除，台阶。庭除，庭院。

[3] 未雨绸缪（móu）：原指趁天还没下雨，就把窝巢缠捆牢固。后喻事先做好预防、准备工作。

[4] 质：质朴。

[5] 愈：胜过。 珍馐（xiū）：珍奇精美的食品。

[6] 三姑：指尼姑、道姑、卦姑。 六婆：指牙婆、媒婆、师婆、虔婆、药婆、稳婆。

[7] 肩挑：指串街走巷的小商贩。

[8] 温恤：体贴抚慰。

[9] 刻薄成家：以刻剥的手段发家。

[10] 乖舛（chuǎn）：违背。

[11] 分多润寡：财物多的要分匀出来，以资助财物少的。

[12] 乖骨肉：疏远兄弟、虐待儿女。

[13] 厚奁（lián）：丰厚的嫁妆。

[14] 狎昵：亲近。

[15] 屈志老成：虚心地与那些阅历多而善于处世的人

交往。

[16] 谮（zèn）诉：诬陷诽谤。

[17] 往：去。此指做。可引申为追求。

[18] 善欲人见：做了好事总想让人知道。

[19] 匿怨：对人怀恨在心，而外表又不表现出来。

[20] 饔飧（yōng sūn）不继：饔，早饭；飧，晚饭。饔飧不继，吃了早饭没有晚饭。形容极端贫穷。

[21] 国课：国家规定的赋税。

[22] 橐橐（tuó）：口袋，袋子。

[23] 庶乎近焉：差不多达到做君子的标准了吧。

弟 子 规[1]

李毓秀[2]

总 叙

弟子规,圣人训[3]。首孝悌,次谨信[4]。
泛爱众[5],而亲仁。有余力,则学文。

入则孝,出则弟

父母呼,应勿缓;父母命,行勿懒;
父母叫,须敬听;父母责,须顺承。
冬则温,夏则凊[6],晨则省[7],昏则定[8]。
出必告,反必面[9],居有常,业无变。
事虽小,勿擅为,苟擅为,子道亏。
物虽小,勿私藏,苟私藏,亲心伤[10]。
亲所好,力为具[11];亲所恶,谨为去。
身有伤,贻亲忧[12];德有伤,贻亲羞。

亲爱我,孝何难?亲恶我,孝方贤。
亲有过,谏使更[13],怡吾色,柔吾声[14]。
谏不入,悦复谏,号泣随,挞无怨[15]。
亲有疾,药先尝,昼夜侍,不离床。
丧三年[16],常悲咽,居处变[17],酒肉绝。
丧尽礼,祭尽诚,事死者[18],如事生。
兄道友,弟道恭[19],兄弟睦,孝在中。
财物轻,怨何生?言语忍,忿自泯。
或饮食,或坐走,长者先,幼者后。
长呼人,即代叫,人不在,己即到。
称尊长,勿呼名,对尊长,勿见能[20]。
路遇长,疾趋揖[21],长无言,退恭立。
骑下马,乘下车,过犹待[22],百步余。
长者立,幼勿坐,长者坐,命乃坐。
尊长前,声要低,低不闻,却非宜[23]。
进必趋[24],退必迟,问起对,视勿移。
事诸父,如事父,事诸兄,如事兄[25]。

谨 而 信

朝起早,夜眠迟,老易至,惜此时。
晨必盥,兼漱口,便溺回,辄净手。
冠必正,纽必结,袜与履,俱紧切。
置冠服,有定位,勿乱顿[26],致污秽。
衣贵洁,不贵华,上循分,下称家[27]。

对饮食，勿拣择，食适可，勿过则[28]。
年方少，勿饮酒，饮酒醉，最为丑。
步从容，立端正，揖深圆[29]，拜恭敬。
勿践阈[30]，勿跛倚[31]，勿箕踞，勿摇髀[32]。
缓揭帘，勿有声，宽转弯，勿触棱[33]。
执虚器，如执盈；入虚室，如有人。
事勿忙，忙多错，勿畏难，勿轻略[34]。
斗闹场，绝勿近，邪僻事，绝勿问。
将入门，问孰存[35]；将上堂，声必扬。
人问谁，对以名，吾与我，不分明。
用人物，须明求，倘不问，即为偷。
借人物，及时还；人借物，有勿悭[36]。
凡出言，信为先，诈与妄，奚可焉？
话说多，不如少，惟其是[37]，勿佞巧[38]。
刻薄语，秽污词，市井气，切戒之。
见未真，勿轻言，知未的[39]，勿轻传。
事非宜，勿轻诺，苟轻诺，进退错。
凡道字[40]，重且舒，勿急疾，勿模糊。
彼说长，此说短，不关己，莫闲管。
见人善，即思齐，纵去远，以渐跻[41]。
见人恶，即内省，有则改，无加警。
唯德学，唯才艺，不如人，当自励。
若衣服，若饮食，不如人，勿生戚[42]。
闻过怒，闻誉乐，损友来，益友却[43]。
闻誉恐，闻过欣，直谅士[44]，渐相亲。
无心非，名为错[45]；有心非，名为恶。

过能改,归于无,倘掩饰,增一辜[46]。

泛爱众,而亲仁

凡是人,皆须爱,天同覆,地同载。
行高者,名自高,人所重,非貌高。
才大者,望自大,人所服,非言大。
己有能,勿自私;人所能,勿轻訾[47]。
勿谄富[48],勿骄贫,勿厌故,勿喜新。
人不闲,勿事搅;人不安,勿话扰。
人有短,切莫揭;人有私,切莫说。
道人善,即是善,人知之,愈思勉。
扬人恶,即是恶,疾之甚,祸且作。
善相劝,德皆建;过不规,道两亏[49]。
凡取与,贵分晓,与宜多,取宜少。
将加人,先问己,己不欲,即速已[50]。
恩欲报,怨欲忘,报怨短,报恩长。
待婢仆,身贵端,虽贵端,慈而宽。
势服人,心不然,理服人,方无言。
同是人,类不齐,流俗众,仁者希。
果仁者,人多畏[51],言不讳,色不媚。
能亲仁,无限好,德日进,过日少。
不亲仁,无限害,小人进,百事坏。

行有余力，则有学文

不力行[52]，但学文，长浮华，成何人？
但力行，不学文，任己见，昧理真[53]。
读书法，有三到，心眼口，信皆要。
方读此，勿慕彼，此未终，彼勿起。
宽为限[54]，紧用功，工夫到，滞塞通。
心有疑，随札记，就人问[55]，求确义。
房室清，墙壁净，几案洁，笔砚正。
墨磨偏，心不端，字不敬，心先病。
列典籍，有定处，读看毕，还原处。
虽有急，卷束齐，有缺损，就补之。
非圣书，屏勿视[56]，蔽聪明[57]，坏心志。
勿自暴，勿自弃，圣与贤，可驯致[58]。

注释

[1]　《弟子规》：原名《训蒙文》，后经清儒生贾存仁修订，更名为《弟子规》。它是根据四书五经的内容编写的一部蒙训课本，三字一句，合辙押韵，朗朗上口，易于背诵。清代后期，许多地方都把它列为私塾、义学的童蒙必读书。全文共分为总叙；入则孝，出则弟；谨而信；泛爱众，而亲仁；行有余力，则以学文。《弟子规》在近代一直作为蒙学教材使用，它对于孩子在家外出求学时的礼仪、礼节都作了详细的规定和要求。

[2] 李毓秀：字子潜，清代山西绛州（今山西省新绛县）人。康熙年间的一名落第秀才，后在乡里创私塾、教弟子。晚年根据《四书五经》内容仿《三字经》编撰而成《弟子规》。《弟子规》编成后，随即到处流传，并被列为蒙学经典教材之一。由于撰写《弟子规》，死后被供奉在绛州先贤祠。

[3] 圣人训：指下文所引《论语·学而》中孔子的一段话。

[4] 谨信：谨慎而守信用。

[5] 泛爱众：出自《论语·学而》，意思是与大家友爱相处。

[6] 冬则温，夏则凊：语自《礼记·曲礼上》"冬温而夏凊"。冬天替父母捂被子使之暖，夏天替父母扇席子使之凉。

[7] 省（xǐng）：请安。

[8] 定：古代子女夜晚为父母整理床铺，服侍其安睡，谓之"定"。

[9] 反必面：外出回来一定当面向父母禀告。

[10] 亲：指父母。

[11] 具：准备，备办。

[12] 贻：留给。

[13] 谏使更：劝说其更改。

[14] 怡吾色，柔吾声：劝导时要和颜悦色，态度温和，轻声细语。

[15] 挞（tà）：用棍子、鞭子打。

[16] 丧三年：旧指父母去世，要为他们守丧三年。

[17] 居处变：守父母丧居住环境变了。旧有守父母丧"居倚庐"（在墙外搭木棚居住）、"寝苫枕块"（睡在草席上，以土块为枕头）等要求。

[18] 事：侍奉，服侍。

[19] 兄道友，弟道恭：当兄长的要友爱弟妹，作弟妹的要恭敬兄姊。

[20] 勿见能：不能炫耀自己的才能。

[21] 趋：快走。

[22] 过犹待：长辈过去的时候，要在原地待一会儿，目送长辈。

[23] 低不闻，却非宜：声音低得让长辈听不到，也是不合适的。

[24] 进必趋：见长辈，一定要快步向前。

[25] 诸父：通指同宗族叔伯辈的人。 诸兄：指同宗之兄长。

[26] 顿：放置。

[27] 上循分，下称家：当官的穿衣要符合自己的身份，老百姓穿着要和自己的家庭条件相适合。

[28] 过：这里指饮食过量。

[29] 揖：拱手行礼。

[30] 阈（yù）：门槛。

[31] 跛倚：站立歪斜不正，倚靠于物。

[32] 髀（bì）：大腿。

[33] 棱：器物上的棱角。

[34] 轻略。草率行事。

[35] 孰：谁。 存：在家。

[36] 悭（qiān）：小气，吝啬。

[37] 惟其是：即实事求是。

[38] 佞巧：巧合善辩，巧言谄媚。

[39] 的：确实。

[40] 道字：说话时发音吐字。

[41] 跻（jī）：达到。

[42] 戚（qī）：忧愁，悲伤。

[43] 却：退却，离开。

[44] 直谅士：正直诚实的人。

[45] 无心非，名为错：不是故意造成的过失，这叫做"错"。

[46] 辜：罪过，过错。

[47] 訾（zǐ）：诋毁，指责。

[48] 谄富：巴结富人。

[49] 过不规，道两亏：有过而不规劝，双方道德都会受到损害。

[50] 速已：立刻停止。

[51] 畏：敬畏。

[52] 力行：实践，亲身尽力去做。

[53] 昧理真：不明真正的道理。

[54] 宽为限：在制定读书计划的时候，不妨宽松一些。

[55] 就人问：一有机会就靠近良师益友请教。

[56] 屏：排除。

[57] 蔽聪明：蒙蔽你的智慧。

[58] 可驯致：可以通过不断提高道德修养而逐渐达到目的。

增 广 贤 文[1]

佚名

昔时贤文[2]，诲汝谆谆[3]。集韵增广[4]，多见多闻。观今宜鉴古[5]，无古不成今。知己知彼，将心比心。酒逢知己饮，诗向会人吟[6]。相识满天下，知心能几人？相逢好似初相识，到老终无怨恨心。近水知鱼性，近山识鸟音。易涨易退山溪水，易反易覆小人心。运去金成铁[7]，时来铁似金[8]。读书须用意，一字值千金[9]。逢人且说三分话，未可全抛一片心。有意栽花花不发，无心插柳柳成阴。画虎画皮难画骨，知人知面不知心。钱财如粪土，仁义值千金。流水下滩非有意，白云出岫本无心[10]。当时若不登高望，谁信东流海样深。路遥知马力，事久见人心。两人一般心，无钱堪买金[11]。一人一般心，有钱难买针。相见易得好，久住难为人。马行无力皆因瘦，人不风流只为贫。饶人不是痴汉，痴汉不会饶人。是亲不是亲[12]，非亲却是亲。美不美，乡中水；亲不亲，故乡人。莺花犹怕春光老[13]，岂可教人枉度春。相逢不饮空归去，洞口桃花也笑人。红粉佳人休使老，风流浪子莫教贫。在家不会迎宾客，出外方知少主人。黄金无假，阿魏无真[14]。客来主不顾[15]，应恐是痴人。贫居闹市无人识，富在深山有远亲。谁人背后无人说，哪个人前不说人。有钱道真语，无钱语不真。不信但看筵中酒,杯杯先敬有钱人。闹里有钱[16],静处安身。来如风雨,去似微尘。长江后浪推前浪,世上新人撵旧人。近水楼台先得月,向阳花木早逢春[17]。古人不见今时月,今月曾经照古人。先到为君[18],后到为臣[19]。莫道君行早,更有早行人。莫信直中直,须防仁不仁[20]。山中有直树,世上无直人[21]。自恨枝无叶,莫怨太阳偏。大家都是命,半点不由人。一年之计在于春,一日之计在于寅[22],一家之计在于和,一生之计在于勤。责人之心责己,恕己之心恕人。守口如瓶,防意如城[23]。宁可人负我,切莫我负人。再三须重事[24],第一莫欺心。虎生犹可近,人熟不堪亲。来说是非者,便是是非人。远水难救近火,远亲不如近邻。有茶有酒多兄弟,急难何曾见一人。人情似纸张张薄,世事如棋局局新。山中自有千年树,世上难逢百岁人。力微休负重,言轻莫劝人。无钱休入众,遭难莫寻亲。平生莫作皱眉事,世上应无切齿人。士乃国之宝,儒为席上珍。若要断酒法,醒眼看醉人。求人须求大丈夫,济人须济急时无。渴时一滴如甘露,醉后添杯不如无。久住令人嫌,频来亲也疏。酒中不语真君子,财上分明大丈夫。出家如初[25],成佛有余。积金千两,不如明解经书。养子不教如养驴,养女不教如养猪。有田不耕仓廪虚[26],有书不读子孙愚。仓廪虚兮岁月乏,子孙愚兮礼义疏。同君一夜话,胜读十年书。人不通今古,马牛如襟裾[27]。茫茫四海人无数,哪个男儿是丈夫[28]。白酒酿成缘好客[29],黄金散尽为收书[30]。救人一命,胜造七级浮屠[31]。城门失火,殃及池鱼[32]。庭前生瑞草,好事不如无[33]。欲求生富贵,须下死工夫。百年成之不足,一旦败之有余。人心似铁,官法如炉[34]。善化不足,恶化有余。水太清则无鱼,人太紧则无智。知者减半[35],省者全无[36]。在家由父,出嫁从夫。痴人畏妇,贤女敬夫。是非终日有,不听自然无。宁可正而不足,不可邪而有余。宁可信其有,不可信其无。竹篱茅舍风光好,道院僧房终不如。命里有时终须有,命里无时莫强求。道院迎仙客[37],书堂隐相儒[38]。庭栽栖凤竹,池养化龙鱼。结交须胜己,似我不如无。但看三五日,相见不如初。人情似水分高下,世事如云任卷舒。会说说都市[39],不会说说屋里[40]。磨刀恨不利,刀利伤人指[41]。求财恨不多,财多害自己。知足常足,终身不辱。知止常止[42],终身不耻。有福伤财,无福伤己。差之毫厘,失之千里。若登高必自卑[43],若行远必自迩[44]。三思而行,再思可矣[45]。使口不如自走[46],求人不如求己。小时是兄弟,长大各乡里[47]。妒财莫妒食,怨生莫怨死[48]。人见白头嗔[49],我见白头喜。多少少年亡,不到白头死。墙有缝,壁有耳。好事不出门,恶事传千里。贼是小人,智过君子[50]。君子固穷,小人穷斯滥矣[51]。贫穷自在,富贵多忧。不以我为德,反以我为仇。宁向直中取,不向曲中求[52]。人无远虑,必有近忧。知我者谓我心忧[53],不知我者谓我所求[54]。

注释

[1] 增广贤文:原名《昔时贤文》,后经陆续增补,改称《增广贤文》。清代和民国年间,曾经风靡全国,影响所及,几乎家喻户晓,人人皆知。其内容紧紧围绕人生和社会问题,从各个角度谈论立身处世之道,很有启迪和警醒作用。由于本书编集于封建社会,其中也包含了一些封建糟粕,这是我们阅读时需要加以注意的。

[2] 贤文:能规范人们道德的好文章。

[3] 谆谆：反复告诫，再三叮咛。

[4] 集韵：把押韵的文字汇集起来。

[5] 鉴：镜子。

[6] 会人：是指能够懂得写诗韵律和理解诗意的人。

[7] 运：运气，命运。

[8] 时：时运。

[9] 一字值千金：指文辞精妙，一个字也不可更改。《史记·吕不韦列传》记载，吕不韦组织编成《吕氏春秋》后，把该书和一千两黄金悬挂在咸阳城门上，称有任何人"能增损一字者予千金。"一字值千金由此而来。

[10] 岫（xiù）：山洞。

[11] 堪：能够，可以。

[12] 是亲不是亲，非亲却是亲：有些人名义上是亲戚却不像亲戚，有些人虽然不是亲戚却比亲戚还亲近。

[13] 莺花：黄莺和鲜花。

[14] 阿魏：药名。主要产于伊朗、阿富汗和印度，所以过去国内所售多为假货。

[15] 顾：照顾，招呼。此指招待。

[16] 闹里有钱：热闹繁华的地方有钱可赚。

[17] 近水楼台先得月，向阳花木早逢春：据宋俞文豹《清夜录》记载，北宋范仲淹担任钱塘太守时，身边的部下都被提拔了，只有外任廷检官的苏麟没有得到提拔，于是苏麟向范仲淹献诗一首，其中两句是"近水楼台先得月，向阳花木早逢春"。后常用此比喻由于某人或某事，因而获得某种好处或便利。

[18] 君：主人。

[19] 臣：仆人。

[20] 莫信直中直，须防仁不仁：不要相信表面上的正直，要防备别人心存不良。意思是说有些人看起来直爽和讲仁义，其实是伪善、奸诈之徒，我们万不可轻信，必须防备。

[21] 直：正直。

[22] 寅：十二时辰之一，指凌晨三时至五时。

[23] 守口如瓶：闭口不谈，象瓶口塞紧了一般。指说话谨慎，严守秘密。 防意如城：指严格遏止私心杂念，像守城防敌一样。

[24] 重事：首要的事情。

[25] 出家：是指离开亲人、家庭、事业这样的世俗世界，到寺庙道观里去做僧尼或道士。

[26] 仓廪：储藏米谷的仓库。

[27] 马牛如襟裾：穿上衣服的牛马。讥人不明道理，不懂礼仪。

[28] 丈夫：男子的通称。此指好男儿，有气节有作为的人。

[29] 缘：为了，因为。

[30] 黄金散尽为收书：为收藏书籍，不惜耗尽财富。比喻为了达到一个目的，不惜用尽黄金，抛弃一切。秦始皇焚书坑儒后，儒家经典几乎全部绝迹，汉武帝的哥哥刘德不惜倾家荡产，重金收购散留民间的儒家书籍。

[31] 浮屠：佛塔，一般高七层。佛家以造塔为无量功德。

[32] 池：此指护城河。

[33] 庭前生瑞草，好事不如无：庭院生长出象征祥瑞的草，本来是好事，但可能会招来灾难，这样的好事不如没有好。古人认为福为祸所依，祸为福所伏。

[34] 官法如炉：意思是说，官府的王法像熔炉一样（可以溶化一切）。

[35] 知者：这里指聪明人。

[36] 省者：这里指明白人。

[37] 仙客：指像仙一样的客人。

[38] 相儒：有宰相之才的读书人。

[39] 说都市：说大都市里的事情。

[40] 说屋里：说些家长里短的身边小事。

[41] 磨刀恨不利，刀利伤人指：磨刀都嫌磨得不够锋利，但刀过于锋利则易伤人手指。意思是，凡事有一利必有一弊，因其利不要忽略其弊。

[42] 止：克制。

[43] 卑：低微。

[44] 迩：近处。

[45] 再思：考虑两次。

[46] 使口：动口支使别人。

[47] 各乡里：此指各奔东西。

[48] 生：此指活着的时候。 死：此指死后。

[49] 嗔：怒，生气。

[50] 智：此指贼的智谋。

[51] 君子固穷，小人穷斯滥矣：君子安于穷困，小人遇到穷困，就会胡作非为了。出自《论语·卫灵公》。

[52] 宁向直中取，不向曲中求：宁可正直做人，不可委曲求全。

[53] 谓：说。 心忧：内心的困苦。

[54] 所求：有所追求。

天晴不肯去，直待雨淋头。成事莫说，覆水难收。是非只为多开口，烦恼皆因强出头。忍得一时之气，免得百日之忧。近来学得乌龟法，得缩头时且缩头。惧法朝朝乐[1]，欺公日日忧[2]。人生一世，草生一春。白发不随老人去，看来又是白头翁。月到十五光明少，人到中年万事忧。儿孙自有儿孙福，莫为儿孙作马牛。人生不满百，常怀千岁忧[3]。今朝有酒今朝醉，明日愁来明日忧。路逢险处难回避，事到头来不自由[4]。药能医假病[5]，酒不解真愁。人平不语，水平不流。一家养女百家求，一马不行百马忧。有花方酌酒，无月不登楼。三杯通大道，一醉解千愁。深山毕竟藏猛虎，大海终须纳细流。惜花须检点，爱月不梳头。大抵选他肌骨好，不搽红粉也风流。受恩深重宜先退，得意浓时便可休。莫待是非来入耳，从前恩爱变为仇。留得五湖明月在，不愁无处下金钩[6]。休别有鱼处，莫恋浅滩头。去时终须去，再三留不住。忍一句，息一怒，饶一着，退一步。三十不豪[7]，四十不富，五十将衰寻子助。生不论魂，死不认尸。父母恩深终有别，夫妻义重也分离。人生似鸟同林宿，大限来时各自飞[8]。人善被人欺，马善被人骑。人无横财不富，马无夜草不肥。人恶人怕天不怕，人善人欺天不欺。善恶到头终有报，只争来早与来迟。黄河尚有澄清日，岂可人无得运时？得宠思辱，安居虑危。念念有如临敌日[9]，心心常似过桥时[10]。英雄行险道，富贵似花枝。人情莫道春光好，只恐秋来有冷时。送君千里，终须一别。但将冷眼观螃蟹,看你横行到几时。见事莫说,问事不知;闲事莫管,无事早归。假若染就真红色,也被旁人说是非。善事可作,恶事莫为。许人一物,千金不移。龙生龙子,虎生虎儿。龙游浅水遭虾戏,虎落平原被犬欺。一举首登龙虎榜[11],十年身到凤凰池[12]。十年窗下无人问,一举成名天下知。酒债寻常行处有[13],人生七十古来稀。养儿防老,积谷防饥。鸡豚狗彘无失其时[14],数口之家可以无饥。常将有日思无日,莫把无时作有时。时来风送滕王阁[15],运去雷轰荐福碑[16]。入门休问荣枯事,观看容颜便得知。官清司吏瘦[17],神灵庙祝肥[18]。息却雷霆之怒,罢却虎狼之威。饶人算人之本,输人算人之机。好言难得,恶语易施。一言既出,驷马难追。道吾好者是吾贼[19],道吾恶者是吾师。路逢侠客须呈剑,不是才人莫献诗。三人同行,必有我师焉,择其善者而从之,其不善者而改之。少壮不努力,老来徒伤悲。人有善愿,天必佑之。莫吃卯时酒[20],昏昏醉到酉。莫骂酉时妻[21],一夜受孤凄。种麻得麻,种豆得豆。天网恢恢[22],疏而不漏。见官莫向前,做客莫向后。宁添一斗,莫添一口[23]。螳螂捕蝉,岂知黄雀在后。不求金玉重重贵,但愿儿孙个个贤。一日夫妻,百世姻缘。百世修来同船渡,千世修来共枕眠。杀人一万,自损三千。伤人一语,利如刀割。枯木逢春犹再发,人无两度再少年。未晚先投宿,鸡鸣早看天。将相头卜堪走马,公侯肚里好撑船。富人思来年,贫人思眼前。世间若要人情好,赊去货物莫取钱。死生有命,富贵在天。击石原有火,不击乃无烟。人学始知道,不学亦徒然。莫笑他人老,终须还到老。但能依本分,终须无烦恼。君子爱财,取之有道。贞妇爱色,纳之以礼。善有善报,恶有恶报,不是不报,日子未到。人而无信,不知其可也。一人好虚,千人道实。凡事要好,须问三老[24]。若争小可，便失大道。年年防饥，夜夜防盗。学者如禾如稻，不学者如蒿如草。遇饮酒时须饮酒，得高歌处且高歌。顺风吹火，用力不多。不用渔父引，怎得见波涛。无求到处人情好，不饮随他酒价高。知事少时烦恼少，识人多处是非多。入山不怕伤人虎，只怕人情两面刀。强中自有强中手，恶人须用恶人磨[25]。会使不在家豪富，风流不用着衣多。光阴似箭，日月如梭。天时不如地利，地利不如人和。黄金未为贵，安乐值钱多。世上万般皆下品，思量惟有读书高。世间好语书说尽，天下名山僧占多。为善最乐，为恶难逃。

注释

[1] 惧法：敬畏法纪，严守法纪。 朝朝：天天，每天。

[2] 欺公：冒犯公法，欺骗公正。

[3] 常怀千岁忧：心中常常怀着上千年的忧虑。语出汉乐府古辞《西门行》。

[4] 不自由：由不得自己。

[5] 假：通"瘕"。疾病。

[6] 金钩：金属钓钩。"留得五湖明月在，不愁无处下金钩"，意思是只要有五湖在，就不用发愁没鱼可钓。

[7] 不豪：这里的意思是（少壮）不努力、不自立自强。

[8] 大限：寿限，寿数。亦指寿命终了。

[9] 念念：每一个念头。

[10] 心心：不间断的思想念头。

[11] 龙虎榜：据《新唐书·欧阳詹传》：唐贞元八年，"举进士，与韩愈、崔群、王涯、冯宿、庚承定联第，皆天下选，时称'龙虎榜'。"后因称会试中选为登

龙虎榜。

[12] 凤凰池：亦作"凤池"。禁苑中池沼。魏晋时设中书省于禁苑，掌管一切机要，接近皇帝，故称中书为"凤凰池"。此指皇帝身边的机要部门。

[13] 行处：到处。

[14] 无失其时：此指按时喂养。

[15] 滕王阁：在今江西省南昌市赣江滨，唐朝永徽四年（653年），高祖子滕王元婴为洪州（今南昌市）都督时建，以封号为名。上元二年（675年），洪州牧阎伯屿宴群僚于阁上，王勃省父过此，即席作《滕王阁序》，成为千古的名篇。

[16] 雷轰荐福碑：宋惠洪《冷斋夜话》卷二载：范仲淹守鄱阳（今属江西），穷书生张镐来投。荐福寺有唐书法家欧阳询所书碑刻，其拓本值千钱，范仲淹准备为张镐拓印千本出售，以作为张赶考资费。备好纸墨，将拓未拓，忽然夜间雷雨大作，将碑击碎。后遂以此事喻时运不济。

[17] 司吏：衙门里当差的人。

[18] 庙祝：庙宇中管香火的人。

[19] 贼：仇人。

[20] 卯时：上午五时至七时。

[21] 酉时：下午五时至七时。

[22] 恢恢：宽广的样子。"天网恢恢，疏而不漏"语出《老子》，意思是做坏事的人终究逃不过法网。

[23] 宁添一斗，莫添一口：宁可向仓中多添一斗粮食，也不在饭后多吃一口饭。

[24] 三老：古时掌教化的乡官。

[25] 磨：折磨。

羊有跪乳之恩，鸦有反哺之义。孝顺还生孝顺子，忤逆还生忤逆儿。不信还看檐前水，点点滴在旧窝地。你急他不急，人闲心不闲。隐恶扬善，执其两端[1]。妻贤夫祸少，子孝父心宽。既坠釜甑[2]，反顾何益。已覆之水，收之实难。人不知足何时足，到老偷闲且自闲。处处绿杨堪系马，家家有路通长安。见者易，学者难。莫将容易得，便作等闲看。用心计较般般错，退步思量事事宽。道路各别，养家一般[3]。从俭入奢易，从奢入俭难。知音说与知音听[4]，不是知音莫与弹。点石化为金，人心犹未足。信了肚[5]，卖了屋。他人睒睒[6]，不涉你目；他事碌碌，不涉你足。谁人不爱子孙贤，谁人不爱千锺粟。奈五行[7]，不是这般题目。莫把真心空计较，儿孙自有儿孙福。与人不和，劝人养鹅[8]；与人不睦，劝人架屋。但行好事，莫问前程。河狭水急，人急计生。明知山有虎，莫向虎山行。路不行不到，事不为不成；人不劝不善，钟不打不鸣。无钱方断酒，临老始看经。点塔七层，不如暗处一灯。万事劝人休瞒昧，举头三尺有神明。但存方寸地，留与子孙耕。灭却心头火，剔起佛前灯。惺惺常不足[9]，蒙蒙作公卿[10]。众星朗朗，不如孤月独明。兄弟相害，不如友生。合理可作，小利莫争。牡丹花好空入目，枣花虽小结实成。欺老莫欺少，欺人心不明。随分耕锄收地利[11]，他时饱暖谢苍天。得忍且忍，得耐且耐；不忍不耐，小事成大。相论逞英雄[12]，家计渐渐退。贤妇令夫贵，恶妇令夫败。一人有庆，兆民咸赖[13]。人老心未老，人穷志未穷。人无千日好，花无百日红。杀人可恕，情理难容。乍富不知新受用，骤贫难改旧家风。座中客常满，樽中酒不空。屋漏更遭连夜雨，行船又遇顶头风。笋因落箨方成竹[14]，鱼为奔波始化龙。记得少年骑竹马，看看又是白头翁。礼义生于富足，盗贼出于贫穷。天上众星皆拱北[15]，世间无水不朝东。君子安贫，达人知命[16]。忠言逆耳利于行，良药苦口利于病。顺天者存，逆天者亡。人为财死，鸟为食亡。夫妻相合好，琴瑟与笙簧[17]。有儿贫不久，无子富不长。善必寿考[18]，恶必早亡。爽口食多偏作病，快心事过恐生殃。富贵定要安本分，贫穷切莫枉思量。画水无风空作浪，绣花虽好不闻香。贪他一斗米，失却半年粮。争他一脚豚[19]，反失一肘羊。龙归晚洞云犹湿，麝过青山草亦香[20]。平生只会量人短，何不回头把自量？见善如不及，见恶如探汤[21]。人贫志短，马瘦毛长。自家心里急，他人未知忙。贫无义士将金赠，病有高人说药方。触来莫与竞[22]，事过心头凉[23]。秋至满山多秀色，春来无处不花香。凡人不可貌相，海水不可斗量。清清之水为土所防，济济之士为酒所伤[24]。蒿草之下，或有兰香；茅茨之屋[25]，或有侯王。无限朱门生饿殍[26]，几多白屋出公卿[27]。酒后乾坤大，壶中日月长[28]。万事省先定，浮生空白忙[29]。千里寄毫毛，寄物不可失[30]。一人传虚，百人传实[31]。世事明如镜，前途暗似漆[32]。万事如棋动局，一世如驹过隙。良田万顷，日食一升；大厦千间，夜眠八尺。千经万典，孝义为先。一字入公门，九牛拖不出。衙门八字开，有理无钱莫进来。富从升合起[33]，贫因不算来。家无读书子，官从何处来。万事不由人计较，一生都是命安排。急行慢行，前程只有许多路。人间私语，天闻若雷。暗室亏心，神目如电。一毫之恶，劝人莫作；一毫之善，与人方便。亏人是祸，饶人是福。天网恢恢，报应甚速。圣贤言语，神钦鬼伏。人各有心，心各有见[34]。口说不如身逢，耳闻不如目见。养军千日,用在一朝。国清才子贵[35],家富小儿娇。利刀割体痕易合,恶语伤人恨不消。公道世间惟白发,贵人头上不曾饶。有钱堪出众,无衣懒出门。为官须作相,及第早争先。苗从地发,树向枝分。父子和而家不退[36],兄弟和而家不分。官有正条[37],民有私约。闲时不烧香,急时抱佛脚。幸生太平无事日,恐逢年老不多时。国乱思良将,家贫思贤妻。池塘积水须防旱,田土深耕足养家。根深不怕风摇动,树正无愁月影斜。奉劝君子,各宜守己;只此至言,万无一失。

注释

[1] 隐恶扬善,执其两端:隐瞒人们的坏处,宣扬人们的好处,要把握着"过"和"不及"这两端。

[2] 釜甑(zèng):釜和甑。古代的饮器。"既坠釜甑,反顾无益",意思是,瓦罐已经掉在地上打碎了,再回头看还有什么意义呢?

[3] 一般:一样,同样。

[4] 知音:通晓音律。相传古代俞伯牙善鼓琴,钟子期善听,能从伯牙的琴声中听出他的心意,后世遂以知音比喻朋友、同志。

[5] 信了肚:任凭肚子吃喝。

[6] 睨(nì)睨:,小视、藐视的样子。形容怯懦,不敢正视。

[7] 五行(xíng):金、木、水、土、火。我国古代称构成物质的五种元素,古人常以此说明宇宙万物的起源和变化。

[8] 劝人养鹅:与下文"劝人架屋"都是指表面上看似帮

人出主意,实际上希望人家败家。

[9] 惺惺:指聪慧的人。

[10] 蒙蒙:糊涂不清的样子。 公卿:三公九卿的简称。泛指朝廷中的高官。

[11] 随分:此指按照农时。

[12] 相论:此指夫妻之间互相争吵。

[13] 兆民:古称天子之民,后泛指众百姓。

[14] 箨(tuò):指竹笋外面层层包裹的皮。

[15] 拱北:众星拱卫北极星。

[16] 达人:指通达事理的人。 知命:懂得事物生灭变化都有天命决定的道理。

[17] 琴瑟:两种乐器名。比喻夫妻融洽。 笙簧:指笙。簧,笙中之簧片。这里比喻夫妻间感情和谐。

[18] 寿考:考同"老"。寿考,指高寿。

[19] 豚:小猪,也泛指猪。

[20] 麝:鹿科动物。雄麝的肚脐后部有腺囊,能分泌麝香,可作药用和香料用。

[21] 探汤:汤,沸水。人一摸沸水,手就赶快缩回来,所以用"探汤"比喻去恶要迅速。

[22] 触:触犯,冒犯。

[23] 心头凉:心境自然会平静下来。"触来莫与竞,事过心头凉",意思是,当人触犯了你时候,不要与他争执,事情过后心境自然会平静下来。

[24] 济济:众多貌。

[25] 茅茨之屋:茅草盖顶的屋。古代平民居住。

[26] 朱门:红漆大门。指贵族豪富之家。

饿殍（piǎo）：饿死的人。

[27] 白屋：白茅盖顶的房屋。为古代平民所居。

[28] 壶中日月长：语出《列仙传》，有神仙名壶公，在长安卖药，天黑后到壶中休息。有一个叫费长房的人看到后十分惊讶，一再请求入壶，壶公遂领他进入，突见楼台壮丽，大惊道：这真是另一个乾坤呀！

[29] 浮生：古人认为人生在世，虚浮不定，因称人生为"浮生"。

[30] 寄物不可失：不远千里送一根毫毛，礼物虽轻，情谊却很深重，千万不能看不上随意丢弃。寄物，此指朋友从千里之外送来的"毫毛"。

[31] 一人传虚，百人传实：一个人说出的假话，众多的人跟着传播，就被当真的了。指根本无事，因传说的人多，就使人信以为真。

[32] 前程暗似漆：前程漆黑一片。此指人生漫长，以后的情形无法预料。

[33] 升：容量单位。 合：量词。一升的十分之一。

[34] 见：见解，看法。

[35] 国清：国家清明。

[36] 退：衰退，衰败。

[37] 正条：指国家的法律条文。

劝 孝 歌[1]

王中书

孝为百行首,诗书不胜录[2]。富贵与贫贱,俱可追芳躅[3]。若不尽孝道,何以分人畜。我今述俚言,为汝效忠告。百骸未成人,十月怀母腹,渴饮母之血,饥食母之肉。儿身将欲生,母身如在狱。惟恐生产时,身为鬼眷属。一旦见儿面,母命喜再续[4]。一种诚求心,日夜勤抚鞠。母卧湿簟席,儿眠干裯褥。儿睡正安稳,母不敢伸缩。儿秽不嫌臭,儿病甘心赎[5]。横簪与倒冠,不暇思沐浴。儿若能步履,举步虑颠覆。儿若能饮食,省口恣所欲。乳哺经三年,汗血耗千斛。劬劳辛苦尽,儿至十五六。性气渐刚强,行止难拘束。衣食父经营,礼义父教育。专望子成人,延师课诵读。慧敏恐疲劳,愚怠忧碌碌[6]。有善先表暴[7],有过常掩护。子出未归来,倚门继以烛。儿行十里程,亲心千里逐。儿长欲成婚,为访闺中淑[8]。媒妁费金钱,钗钏捐布粟[9]。一旦媳入门,孝思遂衰薄[10]。父母面如土,妻子颜如玉。亲责反睁眸[11],妻詈不为辱。母披旧衫裙,妻着新罗縠[12]。父母或鳏寡,为儿守孤独。父虑后母虐,鸾胶不再续[13];母虑孤儿苦,孀帏忍寂寞[14]。身长不知恩,糕饵先儿属。健不祝哽噎[15],病不知伸缩[16]。衣裳或单寒,衾裯失温燠[17]。风烛忽垂危,兄弟分财穀。不思创业艰,惟道遗资薄。忘却本与源,不念风与木[18]。蒸尝亦虚文[19],宅兆何时卜[20]?人不孝其亲,不如禽与畜。慈乌尚反哺,羔羊犹跪足。人不孝其亲,不如草与木。孝竹体寒暑[21],慈枝顾本末[22]。劝尔为人子,《孝经》须勤读:王祥卧寒冰[23],孟宗哭枯竹[24],蔡顺拾桑椹[25],贼为奉母粟,杨香拯父危[26],虎不敢肆毒,伯俞常泣杖[27],平仲身自鬻[28],江革甘行佣[29],丁兰悲刻木[30]。如何今世人,不效古风俗。何不思此身,形体谁养育?何不思此身,德行谁式穀[31]?何不思此身,家业谁给足?父母即天地,罔极难报复[32]。亲恩说不尽,略举粗与俗。闻歌憬然悟[33],省得悲莪蓼[34]。勿以不孝首,枉戴人间屋[35];勿以不孝身,枉着人间服;勿以不孝口,枉食人间谷。天地虽广大,难容忤逆族[36]。及蚤悔前非[37],莫待天诛戮[38]。万善孝为先[39],信奉添福禄。

注释

[1] 《劝孝歌》:这是勉励青少年善待父母、敬养老人的一首歌谣。作者生平事迹不详。作者以通俗浅显的语言,真切地劝导子女敬老孝亲,是有积极意义的。但文中所宣扬的"愚孝"思想,则是今天应当剔除的封建性糟粕。

[2] 录:记载,记录。

[3] 芳躅(zhuó):指前贤的踪迹。

[4] 母命:母亲的生命。

[5] 儿病甘心赎:儿子病了,情愿用自己的身体去换回。

[6] 愚怠:愚笨懒惰。 碌碌:平庸无能。

[7] 善:此指优点。 表暴(pù):显扬。

[8] 闺中：特指女子居住的地方。 淑：淑女。贤良端庄的女子。

[9] 钗钏（chuàn）：钗簪与臂镯。泛指妇女的饰物。 捐：舍弃。指省吃俭用为女方买饰物。

[10] 孝思：此指孝心。

[11] 睁眸（móu）：瞪大眼睛。

[12] 罗縠（hú）：一种精细的丝织品。

[13] 鸾胶：续娶后妻。

[14] 孀：夫亡守寡。 帏：帐子。

[15] 祝哽噎：古代敬老之礼。古时老人进食时，子女在前后安慰侍候，使之下咽不噎。

[16] 伸缩：伸展与收缩。

[17] 衾裯（qīn chóu）：指被褥等卧具。 温燠（yù）：亦作"温奥（yù）"。温暖。

[18] 风与木：即"风木"。典出《韩诗外传》。比喻父母亡故，不及奉养。

[19] 蒸尝：本指秋冬二祭。后泛指祭祀。 虚文：空话。

[20] 宅兆：墓地。 卜：用占卜选择墓地。

[21] 孝竹：竹名。又名慈竹、子母竹。竹高二丈许，新竹旧竹密结，高低相依，若老少相依，故名。

[22] 慈枝：树枝下垂飘曳，似在庇护树干、树根，称为慈枝。这里用来比喻孝子不忘慈母之恩。

[23] 王祥卧寒冰：指晋人王祥寒冬为继母卧冰求鲜鱼一事。

[24] 孟宗哭枯竹：指晋人孟宗数九寒天为老母寻鲜竹笋一事。

[25] 蔡顺拾桑椹：指西汉人蔡顺荒年拾桑椹为老母充饥，生的自己吃，熟的留给母亲一事。

[26] 杨香拯父危：指晋人杨香十四岁时随父下田手无寸铁，赶跑老虎，救父脱险之事。

[27] 伯俞：即西汉韩伯俞。古代有名的孝子。

[28] 平仲：西汉人。为奉养年迈双亲而卖身为奴。

自鬻（yù）：自卖其身。

[29] 江革：东汉人。幼年丧父。天下大乱时，身背老母沿途为仆，以供养母亲。

[30] 丁兰悲刻木：指汉朝人丁兰，早年父母双亡，他思念父母心切，雕刻木偶人像，纪念父母的故事。

[31] 式穀：以善道教子，使之为善。

[32] 罔极：语出《诗·小雅·蓼莪》。指父母恩德无穷。

[33] 憬（jǐng）：醒悟，觉悟。

[34] 莪蓼（é liǎo）：即"蓼莪"。《诗·小雅》篇名。此诗为孝子追念父母抚养之德的恩情。后以蓼莪指对亡亲的悼念。

[35] 戴：把东西加在头上。此指居住。

[36] 忤逆族：不孝敬父母的人。

[37] 蚤：通"早"。

[38] 诛戮（lù）：诛杀。引申为惩罚。

[39] 万善：指许多种美德。

后 记

中国自古以来重视家庭教育。在浩繁的古代典籍中，散佚着许多家训方面的著述。这些曾为前人教育后代发挥过重要作用的家训著作，在今天仍有其积极意义。为了弘扬中国民族文化，用传统美德教育青少年一代，给当今的家长提供可资借鉴的材料，我们编写了这套《中国历代家训丛书》。

编写《中国历代家训丛书》，我们从1990年开始酝酿。当时天津古籍出版社二编部的曹式哲主任，同我们一起论证选题，组织出版，既忙碌于前，又奔波于后，并同许大年编辑一起，认真审阅书稿。经过几年的努力，到1994年，书稿陆续付梓。连续出版了六册，终因出版方资金短缺等原因，遂于1997年停止出版。这之后，我们一直没有停止编写工作，仍在默默地研读家训，精心撰写和打磨书稿，做到善始善终。

十几年过去了，祖国大地国学热方兴未艾。在高科技飞速发展的今天，更需要用传统的人文精神滋养人们的灵魂。值此之际，天津古籍出版社张玮社长，以出版家的敏锐眼光，抓住良机，决定重新出版《中国历代家训丛书》，这套丛书重又付梓了。

编写这套丛书，占有资料是一个重要问题，但是，挖掘资料的工作难度很大。我同贺恒祯、夏春田同志四处奔波，求得一些单位和友人的帮助，在当时检索手段还比较陈旧的条件下，大量翻阅古书，广泛查检文献，才将散佚在众多古代典籍中的重要家训资料基本搜集齐备。在此基础上，一道合作的朋友推举本人担任这套丛书的主编。于是，我便着手起草编写丛书的整体构想和具体意见。经过反复推敲，拟成了一套完备的选题计划。这套丛书计有：《颜氏家训》《温公家范》《袁氏世范》《双节堂庸训》《帝王家训》《名臣家训》《名人家训》《历朝母训》《家庭训语》《家训要言》《蒙训辑要》《古代家规》，凡十二册。之后，拟定编写体例，选择、整理资料，逐册进行编排。此后，组织标点、注释工作。稿成之后，又全面校阅书稿，修改润色文字，逐册统一体例，最后编定全书。本人才疏识浅，担任这套丛书的主编，深感心力不足，好在诸位同仁鼎力合作，才使本书编写工作得以顺利完成。在此，特向诚心合作的朋友们致谢！

丛书各分册所选家训，均采取依时间顺序进行编排。大多家训都是完整的著作；少数从别处撷取来的家训片段，为了便于读者阅读，我们加拟了标题。为了保证丛书的质量，特邀请专家学者对书稿进行标点、注释。注释采用按章节分段见注的体例。对生疏字词、人名、地名、称谓、官职、历史典故、重要引文及难懂的句子，都尽量作注。注释力求简明精炼，通俗易懂，并吸收了一些先贤和当代学者的研究成果，谨此致谢，恕不一一注明。有些著作版本较多，我们作了必要的校订工作。对原著中有明显封建糟粕的地方，作了必要说明。为了便于读者阅读，每分册前面都写有"前言"，主要评介本分册所选家训著作的思想内容。

本书重新出版，得到了天津古籍出版社领导和同志们的热情支持和大力襄助。张玮社长抓住机遇，力推本书，成就出版之事;陈一飞主任组织出版、发行和协调各方关系,付出了大量心血;编辑和特邀编辑认真审阅书稿,提出了许多宝贵、中肯的意见,使本书避免了许多疏漏与错误。特于此志其劳绩,并深表谢忱!

还应特别提及的是,中国社会科学院学部委员、中国哲学史学会名誉会长、中国社会科学院研究生院教授、哲学家方克立先生,在繁忙的教学、科研工作中,抽时间为丛书作序,并多所指教,给丛书增色甚多,在此深致谢意!

由于功力所限,本书谬误恐在在多有,敬请专家和读者指正。

夏家善
2015 年 10 月 8 日